人工智能改变世界
走向社会的机器人

刘进长　雷瑾亮◎著

中国水利水电出版社
www.waterpub.com.cn
·北京·

内 容 提 要

最近几年迎来了机器人发展的新高潮，对于机器人的出现有些人欢呼雀跃，认为它将带来全新的科技革命，让人类的未来变得更美好；另一派则忧心忡忡，认为它将颠覆人类社会的传统产业结构，进而产生灾难性后果。

本书从机器人的兴起、发展历程、社会应用、奇点危机问题、人类优势保持以及未来发展趋势六方面谈起，以活泼有趣的文字，为读者讲述在机器人大时代下人类的应对策略，让大家认识机器人、接受机器人，并最终达到与机器人共生共荣的全新境界。

本书适合于对机器人技术、机器人发展以及探索机器人与人类未来感兴趣的广大读者作为科普学习读物。

图书在版编目（ＣＩＰ）数据

人工智能改变世界：走向社会的机器人 / 刘进长，
雷瑾亮著. -- 北京 ：中国水利水电出版社，2017.1
ISBN 978-7-5170-4934-0

Ⅰ．①人… Ⅱ．①刘… ②雷… Ⅲ．①机器人－普及读物 Ⅳ．①TP242-49

中国版本图书馆CIP数据核字(2016)第294134号

责任编辑：杨庆川 陈 洁 　　加工编辑：张天娇

书　　名	人工智能改变世界：走向社会的机器人 RENGONG ZHINENG GAIBIAN SHIJIE:ZOUXIANG SHEHUI DE JIQIREN
作　　者	刘进长 雷瑾亮 著
出版发行	中国水利水电出版社 （北京市海淀区玉渊潭南路1号D座 100038） 网　址：www.waterpub.com.cn E - mail：mchannel@263.net（万水） 　　　　　sales@waterpub.com.cn 电话：（010）68367658（营销中心）、82562819（万水）
经　　销	全国各地新华书店和相关出版物销售网点
排　　版	风云工作室
印　　刷	北京泽宇印刷有限公司
规　　格	170mm×230mm　16开本　13.5印张　177千字
版　　次	2017年1月第1版　2017年1月第1次印刷
印　　数	0001-5000册
定　　价	38.00元

序

2016年3月，阿尔法狗（AlphaGo）大胜世界围棋冠军李在石。随着这个消息的播出，人工智能成为社会热点，机器人的发展也迎来了新一轮的高潮。

在接下来的日子里，我们看到了各种有关机器人的新闻，听到了各种关于机器人的讨论，甚至在各大综艺节目里，我们看到了聪明俏皮的机器人主持节目，灵活可爱的机器人为观众跳舞，就连一些研究人工智能和机器人的专家也被邀请上节目，为大众讲解有关这方面的知识。

这是一件多么令人兴奋的事情！因为机器人技术本身是一门深奥难懂的科学，但是普通大众却愿意花时间去了解它、去探索它。当然，这与我们平时接触到的一些科幻小说和影视作品有关，在这些作品中，机器人往往具备常人不能的超能力和感知力，说实话，现在的机器人技术还远远达不到这个水平，或许在将来的某一天也很难达到那个水平……

但是，这并不能阻碍我们去研发机器人，因为机器人会在我们未来的生活中发挥越来越重要的作用。我们会在农业、工业、教育业、医疗业、服务业等领域里，大范围普及机器人，这样，一方面能减轻我们的工作负担，另一方面能让我们享受到更好的服务。

或许在人们以往的认知里，机器人技术比较先进的是日本、美国和一些欧洲国家。但是殊不知，我国的机器人技术发展也十分迅猛。例如，大疆创新科技有限公司已成为世界上最大的无人机制造商。而且，随着科技的发展，我国目前已成为世界上最大的工业机器人生产国和消费国。

可能人们除了对机器人本身产生兴趣外，最关心的一点还有：机器人会抢走我们的工作吗？到时候我们会面临着大批的失业吗？或者更进一步说，如果机器人抢走了我们的工作，我们该怎么办？

其实，目前的机器人发展技术，还远远达不到这个水平。我们在内文中提到过，就连机器人模仿人类行走这项技术，也要研究几十年甚至上百年的时间！所以，距离机器人全面取代人类工作的那一天，还无比的遥远。以当前的情况来看，机器人的研发和应用对我们社会发展的积极面大于消极面。因为机器人既能承担某些岗位的工作，解放人类生产力，提高生产效率，推动产业进步，又能在高强度有危险的环境下有效排除安全隐患（如在化学危险品仓库工作），减少了工人出现危险情况的可能。

除此之外，机器人在社会工作中的大量普及，会带来一轮全新的产业转型升级，也会产生一批新的工作岗位，说不准那个时候人和机器人还能很好地协作相处呢！

最后一个问题，机器人会灭绝人类吗？

关于这个问题，还是留给你们仔细去阅读本书的内容吧！或者作为读者，你又是怎么想的呢？

　　在这本书里，我尽量用通俗的语言介绍一些大家感兴趣的点，避免用晦涩难懂的专业词汇来讲解。因为关于机器人技术这门学科，它是多么的复杂难懂！它是集控制论、机械电子、计算机与人工智能、材料学和仿生学于一身的产物！最后，希望阅读本书的读者能从中大大受益。

前 言

不得不说，最近几年我们迎来了机器人发展的新高潮。

工厂里出现了替工人工作的工业机器人，农场里出现了播种、洒农药的农业机器人，餐厅里出现了为人们端菜送饭的服务机器人，一些综艺节目中出现了和主持人一起主持节目的娱乐机器人……

面对此种情况，很多人高呼：机器人时代来了！

但是值得一提的是，对于机器人的出现有些人欢呼雀跃，认为它将带来全新的科技革命，使人类社会产生跨越式发展，让人类的未来变得更美好；另一派则忧心忡忡，认为它将颠覆人类社会的传统产业结构，造成社会经济的破坏与重组，进而产生灾难性的后果。

硅谷著名科技先驱、软件开发公司创始人马丁·福特，在他的《被科技威胁的未来》一书中，就明确表达出后一种担忧。他从自己多年的从业经历出发，结合对人工智能科技的研究和思考，提出机器人将会全面取代人类的工作、人类将面临失业危机的观点。在他的论述中，这种失业狂潮是不可逆的，甚至会对社会经济和传统消费结构产生颠覆性的破坏。但是这一天是否真的会到来呢？

当然，随着机器人产业的发展，一些问题不得不引起我们的注意，比如机器人的安全性问题、逻辑与现实间的混乱问题、社会伦理问题等，这些问题已经摆在了人类面前。那如果真的出现这种状况，我们又应该怎么办呢？

　　本书从机器人的兴起、发展历程、社会应用、奇点危机问题、人类优势保持以及未来发展趋向六方面谈起，以活泼有趣的文字，为读者讲述在机器人大时代背景下人类的应对策略，让大家认识机器人，接受机器人，并最终达到与机器人共生共融的全新境界。

目录

Chapter 03 | 技术应用：
推动产业进步的强大力量

Chapter 04 | 奇点危机：
被机器人颠覆的人类世界

Chapter 05 | **优势保持：
超越机器人的创造潜能**

Chapter
06
模因革命：
为机器人注入自我控制的感性因子

Chapter
01

时代风口：
强势崛起的机器人洪流

说到"风口"两个字，你是不是想到了小米科技创始人雷军的风口理论？雷军曾经在自己的微博上写道："只要站在风口上，猪都能飞上天！"目前，机器人这一快速发展的产业，同样是一个风口，如果能抓住机遇，处在这个风口之中的机器人不但能飞上天，甚至还能改变这个时代。

1.智能时代：势不可挡的机器人风潮

不知从何时起，我们身边开始出现了一些奇特的"伙伴"。它们出没在工厂里，代替工人从事生产工作；它们出现在餐厅里，代替服务员从事服务工作；它们徘徊在办公区和住宅区，代替保安从事警卫工作……

当然，你可以对它们的能力表示怀疑，也可以对它们的安全性充满疑虑，而且它们自身可能还存在着很大的缺陷，但你不得不承认的是，它们已经发展为一股不可阻挡的社会潮流，并深入到社会的各个方面。

恐怕你早已猜到它们到底是谁了吧？对，它们就是当下最受关注的——机器人。如帮助宇航员执行火星探测任务的 Valkyrie 机器人，能够下潜 7000m 的蛟龙号探测器，在南极执行考察任务的 Yeti Polar Rover 机器人等。

除了上述所举案例之外，工业机器人和服务机器人也迎来了快速发展期。以下是最新的国际机器人联合会（IFR）统计。

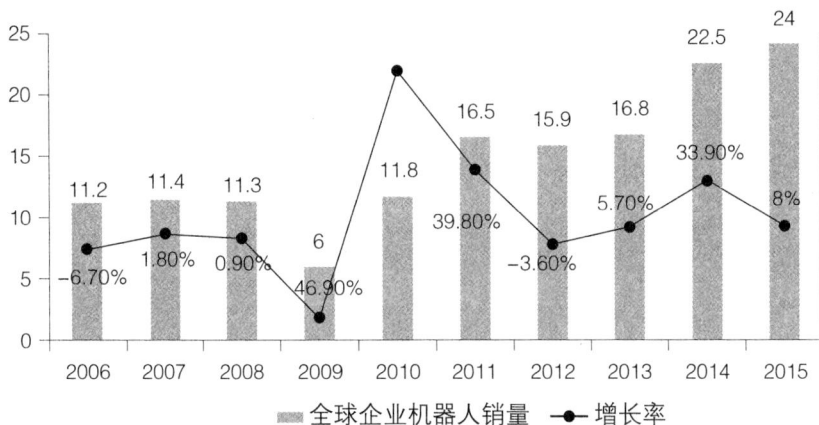

全球企业机器人销量　　增长率

从上表可以看出，2015 年，全球工业机器人销售了 24 多万台，同比增长 8%。从 2006 年到 2015 年，全球工业机器人销量年均增长速度约 14%。2014 年，仅亚洲的机器人销量就约占 2/3，中国、韩国、日本、美国和德国五国的工业机器人销量占全球销量约 75%。

全球服务机器人市场发展迅猛

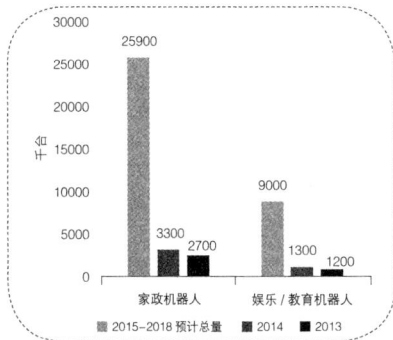

个人 / 家庭服务机器人销量

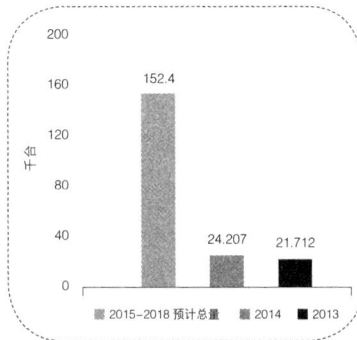

专业服务机器人销量

据 IFR（国际机器人联合会）预测，从 2015 年到 2018 年，全球个人 / 家庭用服务机器人的销量将会达到 2590 万台，市场规模将超过 2014 年的 5 倍，上升至 122 亿美元。专业服务用机器人市场规模也接近 2014 年的 5 倍，高达

196 亿美元，销量将会增加到 15.2 万台左右。

　　其实，起初机器人技术比较领先的国家是日本、美国和一些欧洲国家。但是随着科技的不断发展，目前，世界上最大的工业机器人生产国和消费国却是中国，世界上最大的无人机制造商——大疆创新科技有限公司，也是来自中国的。与此同时，韩国的机器人技术同样发展迅猛。2015 年，韩国队一举击败美国、日本和欧洲队，赢得了 DARPA 机器人挑战赛的冠军。此外，瑞士、荷兰和阿拉伯联合酋长国等其他国家也在人工智能、机器人、无人机技术方面加大了投入。这个时候，全球可谓迎来了机器人发展的大好时机。

　　机器人风潮已至，且不可阻挡。它会改变很多行业的现状，并对我们的社会生活产生深远的影响。面对这些，你做好准备了吗？

2. 机器人大揭秘：到底什么是机器人

　　因为受科幻小说中描述的机器人的影响，人们一提到机器人，脑海里涌现出的是这个样子的：

　　再降低点要求的话，也可以是这样的，最起码有个人形：

但是在专业领域里，我们提到的机器人是这样的：

甚至是这个样子的，大多数人也可以接受：

这样的：

甚至还是这样的：

看到这里，大家可能就不太能理解：难道这些都是机器人吗？尤其是最后一种，它明明看起来像是一只狗！其实，从专业角度来说，以上提到的几种装置都是机器人，只不过从外形上看，有些是人形机器人，有些则属于非人形机器人。而我们大多数人对于机器人的认识，都停留在人形机器人方面，所以有这样的误解也就不足为奇了。

那可能会有人问："如果我们不再纠结于机器人的外形，那是不是凡是可以帮助人们自动完成任务的机器，就都可以称为机器人？比如我们常见的全自动洗衣机、洗碗机，甚至包括银行的自动取款机……"

要想弄清楚这个问题，就要先了解什么是机器人。一般来说，国际上将机器人分为两类：工业机器人和服务机器人。

工业机器人	集合诸多先进科学技术，如电子、机械、计算机、传感器、人工智能等，用于现代制造行业的自动化装备。
服务机器人	分为个人/家庭服务机器人和专业领域服务机器人两类，主要用于修理、维护保养、运输、清洗、救援等诸多领域的工作，应用范围较为广泛。

而我国将机器人划分为工业机器人、特种机器人和服务机器人三种。

工业机器人	主要应用于工业制造领域的多自由度机器人，或多关节机械手等自动化机械。
特种机器人	除了工业机器人之外，面向非制造业领域且为人类提供各类专业服务的先进机器人，如水下机器人、娱乐机器人、农业机器人等。
服务机器人	主要是指家庭或个人使用的机器人，如陪护机器人、机器人玩具等。

首先机器人是一种机器，这个机器可以有各种外形，但是它必须带有人或生物的属性，也就是——智能（Intelligence）。有了智能的支配。才能根据外界条件变化自动地完成某种任务。

除此之外，日本对机器人强调的则是：

机器人应该包含仿人的含义，也就是它能靠手完成任务，由脚实现移动，用脑来完成统一指挥。当然我们理想中的高级机器人，不仅像人类一样拥有智能，同时还拥有感情。

如果按智能程度分类，机器人可以分为以下三种：

工业机器人	工业机器人是一种比较低级的机器人，它只能按照人们设定的程序去工作，并不能因为外界条件的变化，对自身程序，也就是所做的工作，作相应的调整。
初级智能机器人	这类机器人已经拥有识别、推理和判断能力，可以在一定的条件下，根据外界的变化自行修改程序，进而对工作作出相应的调整。不过这些修改原则，也是人们预先设定好的。
高级智能机器人	这类机器人与初级机器人不同的是，它可以通过自己学习、总结经验来自动修改程序，而不是人们预先设定的。这类机器人已经具备一定的自动规划能力，可以不需要人的安排，自动完成工作。

要知道的是，机器人学科是对控制论、机械电子、计算机、材料学和仿生学的高级集成，涉及这么多门类的学科，可见制造出一个逼真的智能机器人的难度有多大！仅仅是让机器人模仿人类行走这项研究，就要花费科学家几十年甚至上百年的努力！

现在，你再想想自动洗衣机、洗碗机和自动取款机等机器，恐怕就不会轻易地把它们归类于机器人了吧。它们顶多算是自动化设备，当然，机器人属于自动化设备中比较高级的一种。

时至今日，随着对机器人技术研究的不断加深，人们逐渐认识到，机器人技术的本质是感知、决策、行动和交互技术的结合。目前，机器人技术已经延伸到人类活动的各个领域，比如，相继研发出的水下机器人、医疗机器人、军用机器人、空中机器人和娱乐机器人等。这些机器人对不同任务和环境的适应性，也是机器人与其他自动化设备的最大不同，而且这些机器人都脱离了仿人型和工业型机器人的外形，它们有的小如米粒，有的大如粮仓，确实有些也像人类一样逼真，不仅会说话，而且还会卖萌呢，比如早就在我国出现的机器人餐厅，它们在那里可是大受欢迎的服务员呢！

📢 扫地机器人是真的机器人吗？

　　看过前面文章里介绍的内容后，可能会有人产生疑问，既然自动取款机、自动洗衣机都只能称为自动化设备，那扫地机为什么就能被叫做机器人？其实根据我们对机器人的定义，首先应该清楚的是，所谓的机器人必须拥有一定的"智慧"，并能智能化地进行操作。比如扫地机器人不仅不由人来操作，它还能自动判断房间的大小，并根据家具的摆设来进行工作，比如，在扫地的过程中，如果遇到墙壁或其他的障碍物，它就会自动转弯。除此之外，它还能自行充电呢！

3. 历史回顾：机器人的发展史

　　◆ 1886 年，科幻小说《未来的夏娃》的作者利尔·亚当第一次将机器人的概念带入文学作品。

◆ 1907 年，影片《The Mechanical Statue and the Ingenious Servant》将机器人 Mechanical Men 搬上了北美大荧幕。

◆ 1920 年，科幻小说《罗萨姆的万能机器人》的作者，来自捷克斯洛伐克的作家卡雷尔·恰佩克按照捷克文 Robota（意为劳役或苦工）和波兰文 Robotnik（意为工人）创造出了 Robot 也就是机器人这个词。至此之后，有关机器人的电影和故事层出不穷

◆ 1939 年，西屋电气公司将家用机器人 Elektro 展示在美国纽约世博会上，这台由电脑控制、可以走路的机器人虽然离真正意义上的干家务活还差得很远，但它不仅能说出 77 个字，同时还可以抽烟。至此，机器人逐渐由幻想进入现实。

……

如今，随着智能时代的到来，机器人更加贴近人们的生活，《超能陆战队》和《复仇者联盟 2》等各种相关电影的播出更是掀起了一股人工智能热。那么，机器人的发展过程经历了几个重要的时期呢？

想要了解机器人的发展史，我们不得不提到人工智能。作为计算机科学的重要分支，人工智能所包含的领域十分广泛，包括机器学习和计算机视觉等，人工智能机器人也属于人工智能的范畴，从某种程度上来说，机器人的发展与人工智能的产生和进步有着密不可分的关系。

20 世纪 50 年代中期：人工智能学科诞生

◆ 1942 年，机器人三定律由美国科幻巨匠阿西莫夫提出：

机器人三定律

定律一　机器人不得伤害人类，或因不作为使人类受到伤害。

定律二　除非违背第一定律，机器人必须服从人类的命令。

定律三　除非违背第一及第二定律，机器人必须保护自己。

以上三定律成为了当时学术界的研发原则。

◆ 1950 年，英国数学家阿兰·图灵将人工智能这一概念传遍了各大科研实验室。

◆ 在 1956 年召开的达特矛斯会议上，人工智能正式诞生。

该会议从多种学科的角度探讨和分析了人类的各种学习和其他职能特征的基础，并对机器模拟人类智能等相关问题进行了探讨，人工智能这一术语正式被提出，同时人工智能的名称和任务也被正式确定，一些初期成就和最早的研究者进入人们的视野。

与此同时，在达特矛斯会议上，马文·明斯基提出了自己对智能机器的看法："智能机器'能够创建周围环境的抽象模型，如果遇到问题，能够从抽象模型中寻找解决方法'。"他的看法对之后 30 年的机器人研究造成了深远的影响。

◆ 50 年代早期，人们开始研究机器人与人工智能的关系。

诺伯特·维纳是美国应用数学家，作为最早研究反馈理论的美国人之一，他也是控制论的创始人。大家最熟悉的反馈控制案例就是自动调温器。自动调温器将期望温度与自己收集到的房间温度进行对比，以此来决定加热器开关调控提高或降低，使环境温度得到控制。这项发明促进了早期 AI 的发展。

第一代机器人：无感知机器人

无感知机器人对外界事物没有任何感知，它由计算机来控制自己的自由度，然后通过示教存储程序和信息来读取，从而发出指令，这种机器人完全依照人所示教的结果来不断重复动作。

1959 年，第一台工业机器人由德沃尔与美国发明家约瑟夫·英格伯格共同研发而成，至此，机器人的历史才算是从真正意义上拉开序幕。不久之后二人还成立了世界上第一家机器人公司——Unimation 公司。约瑟夫·英格伯格因对工业机器人的研发和宣传作出了特殊贡献而被称作世界机器人之父。

◆ 1962 年世界上兴起了机器人研究狂潮。

代表机器人：美国 AMF 公司的 VERSTRAN 和 Unimation 公司的 Unimate，被出口到世界各国。

◆ 1965 年第二代传感器兴起。

约翰·霍普金斯大学应用物理实验室所研制出的 Beast 机器人可以利用声纳系统和光电管等装置来依靠环境校正自己的位置。

美国麻省理工学院、斯坦福大学、英国爱丁堡大学等相继创办机器人实验室。美国开始研究第二代传感器和"有感觉"的机器人。

第二代机器人：有感觉机器人

有感觉机器人通过类似人类的听觉、触觉、力觉等感觉来决定力的大小以及滑动状况。

◆ 1968 年，来自美国斯坦福研究所的机器人 Shakey 公布于世，其视觉传感器可以通过人的指令来找到和抓住积木，但控制该机器人的计算机大概有一个房间的大小。

同类型机器人：

年份	机器人名称	所属	介绍
1978 年	PUMA	美国 Unimation 公司	通用工业机器人，标志着工业机器人技术已经完全成熟
1999 年	爱宝（AIBO）	日本索尼公司	标志着娱乐机器人进入普通家庭

◆ 2002 年，吸尘器机器人 Roomba 由美国 iRobot 公司正式推出，该机器人不仅可以躲开障碍物，还可以自己设计前进的路线，电量不够时也能自行走向充电座。Roomba 是当前世上销量较大的家用机器人之一。

Roomba 机器人

同类型机器人：

年份	机器人名称	所属	介绍
2006 年	Microsoft Robotics Studio	微软公司	使机器人模块化、平台统一化越发明显，带动了家用机器人的发展

◆ 2012 年机器宇航员 R2 被"发现号"航天飞机（Discovery）送到了国际空间站，该机器人的活动范围可以与人类媲美，同时也能帮助人类完成较为危险的任务，美国宇航局曾表示，机器宇航员对其发展起到了不可估量的巨大作用。

所谓的人工智能，其实就是模拟人类的智能，使其实现人类可以完成的任务，这一阶段的人工智能受到了人类理解的限制，想要使程序实现更多的能力基本是不可能的，因此这一时期的机器只会接受训练而不能创造出新事物，人工智能完全是一种工具而已。

第三代机器人：智能机器人

智能机器人属于一种理想型的机器人，也是机器人领域的高级境界，人类只要下达命令，机器人就可以相应地完成任务。到目前为止，智能机器人还停留在局部概念和意义上，从现实来讲，人工智能理论和技术已经逐渐走向成熟，未来的机器人很可能会实现电影中的震撼情节。

◆ 2014 年 6 月 7 日，图灵测试初次通过。

作为计算机科学之父，来自英国的阿兰·图灵于 1950 年就已经提出了"图灵测试理论"，图灵测试中有测试者和被测试者两类，测试者是一个人，被测试者是一个人和一个机器，要求测试者和被测试者隔开，然后测试者通过某些装置向被测试者提出任意问题，一旦被测试者 30% 以上的答案使得测试者难以分辨哪个答案是人给出的，哪个答案是机器给出的，那么这台机器就算通过了测试，同时也被认为具备了人类智能。

虽然很多机器人都测试失败，但 2014 年 6 月 7 日，就在阿兰·图灵逝世60 周年的纪念日上，聊天程序"尤金·古斯特曼"（Eugene Goostman）顺利通过了测试，由英国皇家学会举办的"2014 图灵测试"见证了尤金·古斯特曼的成功，这件事情也将成为人工智能史上的里程碑事件。

图灵测试的首次成功让我们对未来人工智能的发展充满了想象。

想象一：智能机器人将赶超人类

我们熟知的很多电影都在讲述人工智能机器人，《超能查派》中的查派以及《复仇者联盟2》中的奥创等就是典型的代表，这两款机器人也让人们看到人工智能机器人不仅可以像人一样思考和活动，甚至有可能超越人类，而人类的现实生活也很有可能如电影中一样，迎来赶超人类的智能机器人。

想象二：机器人可以自我学习和成长

通过电影《超能查派》，我们看到了如同婴孩一般的机器人查派在科学家的改造下由报废品重生，查派不但有自我意识，而且还在不断成长，通过自己的观察逐渐对世界有了认知，查派不仅有感情，对学习也充满了渴望，虽然身体由机器构成，但它的表现活脱脱就是一个正常人，虽然这只是电影，但谁又能保证这样的桥段不会出现在未来人类的生活当中呢！

想象三：机器人成为人类的敌人

前面我们已经提过了艾萨克·阿西莫夫的机器人三大定律，但《复仇者联盟2》中的奥创却彻底违背了这三大定律，创造出一批凶狠残暴的机器大军，对人类的生存造成了巨大的威胁，同样也是电影，我们对机器人怀揣美好想法的同时，也要意识到很可能遇到的危害，在未来的发展中，谁又能百分之百保证机器人不会给人类带来负担，不会成为人类的敌人呢？

4. 知识普及：机器人的基本构成和工作原理

前面我们已经了解了到底什么是机器人，现在就再来看一下机器人的基本构成和工作原理吧！

先从我们人类的身体开始研究，你的身体由哪些部分构成？仔细观察一下，就会发现从基本层面上看，我们的身体包括五个部分。

身体结构	包括头、颈、躯干、四肢等主要构成部分
肌肉系统	用于身体结构的移动
感官系统	用于接收关于身体和周围环境的信息
能量源	用于供给肌肉和感官能量
大脑系统	用于处理感官信息和控制、指挥肌肉的运动

机器人的组成部分和人类十分相似。一个比较典型的机器人除了由一套可以移动的身体结构（机械结构系统）、一部与马达相似的装置、电源（驱动系统）之外，还由传感部分和控制以上要素的计算机——大脑（控制部分）构成。

再直观一点，看下面的图表就会一目了然。其实从专业的角度来说，机器人由机械部分、传感部分、控制部分三大部分组成，这三大部分又可以分为六个子系统。

```
                         ┌─── 驱动系统
              1  机械部分 ┤
                         └─── 机械结构系统

              ┌────────── 感知系统
机器人  2  传感部分 ┤
              └────────── 机器人—环境交互系统

                         ┌─── 人机交互系统
              3  控制部分 ┤
                         └─── 控制系统
```

对于机械结构系统来说，工业机器人一般是由机座、手臂和末端操作器三大部分构成，使用的材料一般为金属。而最近几年制造出的高度逼真的仿人机器人还拥有像人类一样有弹性的皮肤呢！

要想使机器人顺畅运作，就需要各个关节（每个运动自由度）来安置传动装置，这也就是驱动系统。一般的传动装置有以下三种：

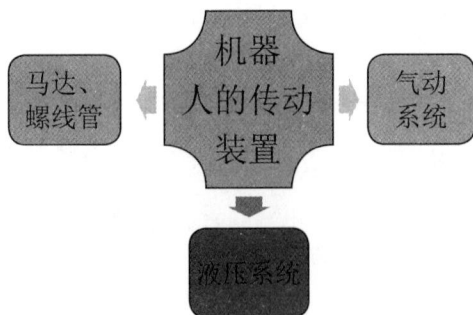

```
   马达、        机器          气动
   螺线管  ◄──  人的传动  ──►  系统
                 装置
                   │
                   ▼
                液压系统
```

另外，要想使机器人运作起来，还需要一个能量源来驱动传动装置。目前一般都是使用电池或电源插座来为机器人供电。同时，液压机器人还要使用一个为液体加压的泵，气动机器人则还要使用压缩气罐或气体压缩机。

除了上面提到的这些，我们还希望机器人能像我们一样拥有感受，能够从内部和外部环境状态中获得有意义的信息，这个系统就是感知系统。感知系统通常由内部传感器模块和外部传感器模块组成。

中国物联网校企联盟认为："传感器的存在和发展，让物体有了触觉、味觉和嗅觉等感官，让物体慢慢变得活了起来。"当然，我们一直都在致力于研究出像人类一样同时具备视觉、听觉、触觉、味觉和嗅觉的机器人，可是暂时还不能完全实现。

机器人对周围环境产生了感受，接下来就是要与环境产生联系，因而使机器人与外部环境的联系和协调得以实现的系统，就是机器人—环境交互系统。

还有很重要的一点，机器人归根结底还是机器，能力再大也需要人的控制，因此使人与机器人进行联系和参与机器人控制的系统，就是人机交互系统。人机交互系统一般有电脑的标准终端、指令控制台、信息显示板、危险报警器等。

接下来，要说的就是控制系统，控制系统是指支配机器人的执行机构去完成规定的运动和操作功能的系统。它通常根据机器人的作业指令程序和传感器反馈的信号来完成任务。控制系统具有自身目标和功能，它由控制主体、控制客体和控制媒体组成，其中有传感器、控制器、驱动器、执行机构。

具体的工作过程为：

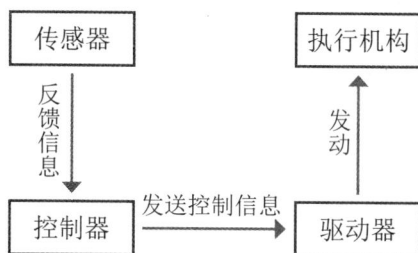

```
┌─────────┐              ┌─────────┐
│  传感器  │              │ 执行机构 │
└─────────┘              └─────────┘
     │                        ↑
   反馈信息                   发动
     ↓                        │
┌─────────┐  发送控制信息  ┌─────────┐
│  控制器  │ ─────────────→ │  驱动器  │
└─────────┘              └─────────┘
```

看了上面的这些内容，你现在应该对机器人的构成和工作原理有一个基本了解了吧。

5.现实疑惑：机器人会改变我们的生活方式吗

很多人的理想生活恐怕是：我们买回一台机器人，这台机器人不仅可以帮我们清理卫生，帮我们做饭、刷碗，甚至能够帮我们穿衣、脱衣，让我们一根手指都不用动，就可以享受惬意的居家生活。当这种情况真的发生时，我们或许会发自内心的感叹：机器人真是太强大了！

当然，上述情况从目前来看只是幻想，但是在不远的未来，它却真的有可能出现，并彻底改变我们的生活方式。下面我们就来看一下，机器人将会从哪几个方面使我们的世界发生改变吧。

制造业

在全世界范围内，制造业自动化的比例大约是 10%。但是随着机器人价格的不断降低，以及机器人性能的不断提升，机器人的投入成本将远低于制造业工人的投入成本，在这种情况下，很多制造业工人会转而从事自己更喜欢的工作，而机器人在工厂中所占的比例则会进一步提升，有些人甚至预测，这个比例会达到 40% 以上。

例如：高新科技企业富士康，就在投资开发一种机器人，该机器人可以代替人类工作，组装如 iPhone 等产品的小型部件。可以预想到，如果该机器人研发成功并投入使用，将会有很多同行业工人离开目前的工作岗位。

农业

随着无人驾驶拖拉机、无人机和挤奶机器人的进入，农业也迎来了很大的变化。最明显的一点就是所需人力越来越少，农民开始由一线的工作者，渐渐转换为二线的操控者和机械维护者。此外，人工智能技术与大数据的有效结合，进一步提高了农业的自动化水平，农民可以据此对农业生产各环节进行快捷高效的掌控，并对农作物产量等数据进行优化分析，以便随时改变经营策略，提高产量和效率。

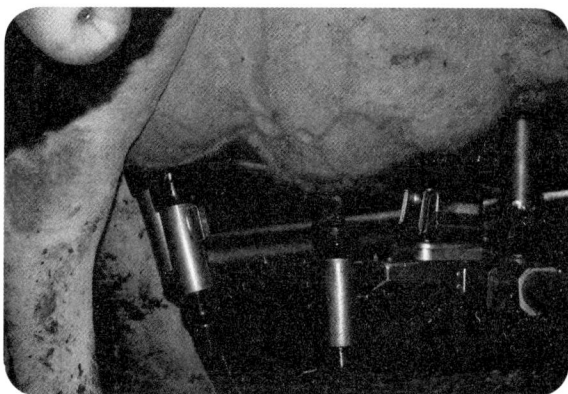

挤奶机器人

军事

很多人都对机器人的发展存有疑虑，而造成他们这样想的原因之一就是军用机器人的出现。这种机器人可以帮助军队从事各类军事活动，甚至可能包括杀伤类活动，成为所谓的"杀手机器人"。

例如：自动飞向指定目标的无人机、运输军用器械的"驴"（Mule）等。这些机械具有比人力大得多的优势，可以为军事行动带来无比的便利，但是它们对于世界和地区的和平，却未必是福音。

商业

人类受记忆力、运算能力等限制，即使是专业能力再强的商业从事人员，也很难保证在面对浩如烟海的商业数据时不犯错。然而机器人却可以做到这一点，毕竟机器人在做判断时的依据就是大量的数据，只要我们输入的数据没有错，机器人的判断就很难出现错误。

此外，我们在进行投资理财的活动中，也很可能和金融机器人打交道。它们可以站在公平的立场上，依托大量的专业化数据，为我们提供最优化的投资建议，使我们更容易达到资产升值的目的。据一项预测数据显示，到 2020 年的时候，大概有 2.2 万亿美元的投资基金，会由人工智能计算机进行管理。这无疑是一个很可怕的数字，但在机器人看来却无所谓，因为从理论上来说，只要满足技术条件，机器人掌管资金的上限是不封顶的！

> 例如：高频程序化交易公司 Virtu Financial LLC，就通过人工智能程序完成了在人类看来近乎不可能的奇迹，它在 1238 个交易日中仅出现了一日亏损。

医疗业

人工智能和机器人在医疗领域早已得到了有效利用，并在近些年取得飞速的发展。

> 例如：打败国际象棋大师卡斯帕罗夫的超级电脑"深蓝"，以及参加答题活动并取得了冠军的智能程序"沃顿"，都在医疗领域得到了广泛应用，它们从繁多的病例和相关资料中搜寻有效信息，为医生提供具有价值的医疗意见。

此外，机器人在临床手术、照料老年病患以及残疾人病患方面同样得到了广泛应用，并取得了快速发展，一个数据就能很好地表明这一点：2000 年，机器人辅助手术大概在 1000 例左右，而到了 2014 年，此类手术为 57000 余例。而且从这几年的发展态势来看，此类手术的数量依旧在不断增长。在可以预见的未来，它将成为一种普遍化的医疗现象。

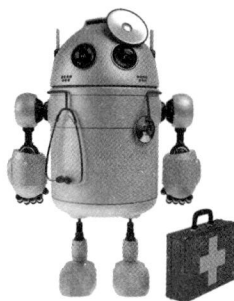

医疗机器人

汽车业

对于与我们出行息息相关的汽车业来说，依托于人工智能的自主驾驶汽车，也叫无人驾驶汽车，无疑会是未来重要的发展方向之一。

例如：从目前来说，谷歌、特斯拉、苹果等大公司都在开发无人驾驶汽车，其中谷歌的产品已经走在所有企业的前面，并进行了无数次的相关测试。虽然也出现过事故，但是对比于人类驾驶汽车来说，其事故率已经保持在一个很低的水准。一般认为到 2020 年的时候，无人驾驶技术就会真正趋于成熟，并投入到实际应用中。

日常生活

在电影《Her》中，人工智能系统萨曼莎简直无所不能，它不但能够帮助其主人进行邮件和文件等处理工作，而且可以与主人进行友好的互动交流，就像一个真正的朋友那样。其实在现实生活中，人工智能系统和机器人也已经展现出各方面的实用能力。

例如：苹果的 Siri、微软的 Cortana、图灵的虫洞语音助手等，这些程序一般是以 PC 或手机为载体，但是随着服务机器人的不断发展，它们也开始应用到机器人的程序之中，从而在人机交互等方面对人类产生更多的实用性帮助。

日本的 Takara Tomy 公司早就针对屏幕清洁方面研究出了一款微型的屏幕清洁机器人，它就像清洁工一样，来帮助人们清洁电脑或手机的屏幕。

Ecovacs 公司也推出了一款帮人们清洁窗户的擦窗机器人，这个机器人能用橡胶扫帚自动地沿着窗户表面来回移动。

其实除了这些方面，人类研究出的服务机器人和性爱机器人也对我们的生活和工作产生不小的影响，具体表现会在后面的章节详细介绍。

6. 热点与现实：中国机器人产业的发展现状

首先请看机器人行业杂志《高工机器人》公布的一组数据：

◆ 2015 年，我国已有 40 余家高新区建立了机器人产业园。

◆我国的机器人公司已经超过了 4000 家，数量超过世界其他国家机器人公司的总和。

而且据最新发布的《中国机器人统计数据及分析报告》显示：

◆从 2013 年到 2015 年，中国已经三年连续成为全球最大的机器人市场。

◆据统计，至 2015 年，在中国市场销售的机器人就达 68459 台，比起 2014 年增长 30.3%。

这些令人吃惊的数据无不表明了一个事实，那就是机器人产业已经成为我国的一大热门产业，并在较短时间内取得了长足的发展和进步。

其实，我国机器人产业的起步是比较晚的，直到 1986 年的时候，才开始进行立项开发，不过发展速度却很快，不但在短期内培育出了大量的相关领域人才，而且在机器人基础技术方面完成了从无到有、从有到优的快速转变。具体到企业层面，有沈阳新松、广州数控、南京埃斯顿等机器人企业如雨后春笋，纷纷涌出，夯实了机器人的产业基础，使得机器人在我国产生了广泛的社会影响。

但是，我国机器人产业在逐渐形成速度、数量优势的同时，却存在着质量上的劣势。

劣势一	在我国的工业机器人市场中，国产比例不足 30%，外国生产的机器人在市场中占据主导地位。
劣势二	在基础硬件上，大量配件需要进口，如减速器、电机和控制器等，洋货充斥，这无疑加大了本土机器人的制造成本，使得本土机器人在国际市场中难有优势可言。
劣势三	在可靠性和稳定性方面，我国自产的机器人与外国机器人存在性能上的较大差距。

从目前的发展阶段来看，中国的机器人产业其实已经来到了一个临界点

上，一方面进步飞快，进入了一个黄金发展期；另一方面则遇到了瓶颈和挑战，亟需再做突破，完成智能转型和产业化变革。具体来说，就是从政府、社会和科技三层面共同来完成这次重大的转型改革。

政府的支持必不可少

政府的支持对机器人产业的重要性不言而喻，只有在有利政策和专项资金的扶持下，机器人产业才有向前发展的不竭动力。

对于政府来说，需要制定一个长期稳定的基本政策和随时调整的支持方案，比如"十二五"之初制定的仿生机器人研究计划，就是一个很好的例子。而对于机器人产业的从业者来说，如何更好地适应相关政策，在政策允许的范围内实现产业的发展和进步，同样很重要。只有在双方面的共同努力下，才能为机器人产业制造宽松适宜的政策环境，鼓励相关创业，夯实社会基础。

社会资本贡献力量

中国的资本有很多流向，如互联网就是如今的一大热门，之前打车软件滴滴和快滴的"烧钱大战"更是让人们见识到了资本的强大力量。可对于机器人产业，资本的青睐度似乎不够，总是带着审慎的目光，不敢大规模进军，创业者对这一领域的信心也不是很足。

其实，机器人的盈利面很广，发展潜力巨大，在制造业、医疗业、服务业等各个行业，机器人已经在相当程度上代替了人类的工作，并能做到比人类更好，这就节省下大量的人力成本和生产成本，提高了利润。资本力量和创业者应该看到其中的机会，大胆投入，不断繁荣市场，做到资本、企业和机器人产业的共生共融，从而形成一个向前发展的良性轨道。

科技技术为基础

作为发展中国家，在技术层面，我们与发达国家相比有差距。我国的机器人技术开始兴起于 20 世纪 80 年代，当时受国际机器人技术研发热潮的推动，建立了具有自主研发技术的科研基地。目前，我国的水下机器人技术已经达到世界先进水平。

2012 年，我国的蛟龙号深海探测器成功潜入海底 7062 米的距离，从而大大提高了我国水下科研机器人的技术水平。此外，我国对于各类远程控制机器人也有着深入的研究，例如高层建筑墙体清洁机器人、远程排爆机器人以及远程控制无人机等，其中无人机技术已达国际先进水平，成为亚洲第一大无人机出口国。同时，我国的农业机器人、工业机器人技术也有着较快的发展速度。

由于国际上机器人技术水平的提高，我国作为全球最大的经济市场之一，相关技术肯定会被不断引入，而其中最关键的，就是智能化技术。

◎ 人机协同

什么是人机协同呢？说白了就是让机器人与人类形成配合，共同工作。这是世界机器人产业的重要发展趋势，也是智能化技术的重要组成部分。但是需要注意的是，在协同过程中，如何保证人的安全，如何令机器人更好地领会人的意图，形成更有效、更默契的配合，才是人机协同的关键所在。

◎ 云机器人

云机器人有一个绝大的优势，那就是直接面向大数据，减少了对硬件的依赖程度。这个优势使它拥有了深度学习的特殊能力，可以做到自学习与自成长，能够自主适应不同情况下的作业要求，从而做出最合理、最有利的选择，这一点谷歌制造的阿尔法狗已经为我们很好地上了一课，它在变幻莫测的围棋局势中巧妙应对，实在是令人大开眼界。

云机器人

◎可重构与自适应

可重构技术的价值在于，我们只需要一条生产线，经过不断地重构，就可以完成不同产品的制造要求，比如手机、电视、洗衣机等，这种情况发展到最后，甚至能形成"万能生产线"，它只要经过极短时间的适应和重构，就可以完成任何产品的生产和制造，例如飞机和洗衣机，就可能出自同一条"万能生产线"。

◎感知与环境理解

现在的机器人更多是在结构稳定的环境下工作，比如平面环境、真空环境等，可是当环境变得不稳定，比如坑坑洼洼的地面、汹涌澎湃的海面时，机器人就会变得无所适从，效率更是无从谈起。在这种情况下，如何使机器人适应多变的环境，将其变成容易理解的结构化环境，从而进行有效作业，无疑是未来重要的发展方向。

从目前发展阶段来看，中国机器人产业正在经历着机遇与挑战并存的局面，要想抓住机遇、迎接挑战，就需要中国社会各阶层的通力合作，从政府、社会、科技各层面给予有力的支持，进行产业的创新改造。只要根本的发展目标不变，创业者和参与者的从业信心坚定，中国机器人产业的未来必将是一片光明。

科技探秘：
不断兴起的人工智能浪潮

　　提到机器人，就不得不说人工智能，人工智能是一门很复杂的科学，其主要目标就在于制造出相当于人类智能，甚至超出人类智能的机器，令它们帮助人类进行各项复杂工作。

　　人工智能和机器人的关系就像是两个互有相交的圆，其重合部分其实就是关于智能机器人的研究。从这个角度来说，人工智能就像机器人的"大脑"，而机器人的躯体则是承载这个大脑的装置。

1. 机器人蜕变的灵魂：人工智能

在第 19 届 RoboCup 机器人世界杯上，出现了各种各样的智能机器人，有的能够端菜扫地，有的能够唱歌跳舞，有的能够与孩子们做游戏，有的能够与人们聊天……这些机器人之所以能够出现，正是因为人工智能技术的发展和应用。

📢 那么，到底什么是人工智能呢？

虽然我们在很多地方都提到了人工智能，但是在这里，我们做个详细的解释。人工智能是用于研究和开发人类智能，以及对人类智能进行延伸和扩展的综合性科学。它属于计算机科学的其中一个分支，重点在于利用技术手段分析智能实质，并据此开发出具有人类智能水平的机器系统。人工智能领域涵盖很多内容，包括机器人、语言识别、图像识别、自然语言处理以及专家系统等诸多方面。此外，它还涉及心理学、哲学等领域，是一门挑战性强、涉及面广泛的科学。

而现实情况是，人类能够了解到的唯一智能就是自身的智能，但对于自身智能的产生、变化、构成等诸多要素却往往了解有限，没有一个全面化、系统化的认知，而这恰恰就是人工智能研究的难点所在。

正因为人工智能存在着如此重大的疑难点，人们反倒对其更感兴趣，并无比看好它在未来的应用前途，甚至将它与基因工程、纳米科学联系到一起，称为二十一世纪三大尖端技术。而在业界的重视和研究之下，人工智能也取得了可喜的发展成果，在各领域中得到了较为广泛的应用。

人工智能技术的发展

随着各项技术的不断进步，尤其是互联网与大数据的发展，为人工智能带来了全新的发展方向。如语音识别、人脸识别、步态识别、机器翻译、可穿戴设备、自动化汽车等人工智能技术得到了快速的发展，取得了突破式的成就，甚至某些人工智能程序已经具备了在细分领域超过人类智能的水平。

但是，这些情况却并不表明人工智能已经发展成熟，而只是表明在某些特定领域内，专用人工智能技术取得了不俗的发展。从总体上说，人工智能依然处于初级阶段，它没有智慧和情商等因素，还无法成为人脑那样的具备举一反三和融会贯通能力的通用智能系统。

"智能 +"或成为时尚

我们应该听说过"互联网 +"，这是一种将互联网与农业、商业、制造业等各个行业相结合，并以此取得行业更高发展效率、更优发展成果的创新形态。"智能 +"也是如此，在人工智能产业蓬勃发展的今天，很多行业都在追求智能化转型，并在人工智能产业链中寻求新一轮布局，希望能够在这一潜力巨大的市场中抢占先机。例如国际巨头谷歌、IBM 等公司，都已经开始了这种进程，

百度总裁、资深 IT 界人士张亚勤对"智能 +"的定义为："以人为核心，基于互联网技术如云计算、物联网、大数据、人工智能等在内的生态与系统而形成的高度信息对称、和谐与高效运转的社会生态，是'智能 +'的标志。"

并在不同领域内进行了各自的智能化探索。

当然，对于人工智能技术来说，目前尚未完全出现垄断局面，即使是国际巨头，也不过是在某些专用领域中取得了一定的优势，并未达成占领相关市场的目标。这对于中国的人工智能产业来说无疑是一个福音。我们可以利用市场需求和用户数据的双重优势，在体制机制、创新人才、基础设施、数据共享、技术水平等各方面进行努力，占领技术和产业的制高点，在全球化的人工智能潮中抢占先机，进而实现自身的发展。

2. 智能初始：强大的自动推理

看过名侦探柯南吗？里面的柯南往往依靠推理，破解出一个又一个离奇的案件，从而使凶手伏法，为死者申冤。其实在现实情况中，人工智能的推理能力更令我们惊奇。

人工智能系统的推理能力非常强，我们可以把这种推理模式叫做自动推理，它是一种依靠以往的正确认知，通过各种推理手段，得出一般化结论的知识使用过程。自动推理是人工智能研究的重要课题之一，其目的就在于找到一种统一化的推理算法，并以此解决我们在社会生活中遇到的大多数问题。

如果按照结论推出的途径分类，我们可以将自动推理分为以下三种：

演绎推理

演绎推理是在一般情况中推理个别情况的过程。这是一种最常见的人工智能表现形式，被应用在很多的智能化系统之中。

> 指纹识别系统，就是在确定指纹总体特征（如纹形、模式区、核心点等）的基础上，对不同指纹的细节进行具体辨别，从而达到识别不同个体指纹的目的。

演绎推理重视思维上的严密性和逻辑性，非常适合机械系统使用，但是由于系统的僵直化特征，以及同一事物在输入方式上的差异，这种推理方式很容易出现识别上的模糊化现象，造成识别度低、匹配效果差等不良现象。

归纳推理

归纳推理是一种与演绎推理正相反的推理过程，它强调由个性特征推向一般特征。这是人类思维活动一种常见的思维模式，如举一反三、归纳总结等词汇，就是这种推理形式的具现。但是对于机械化的系统来说，做到这一点却并不容易，往往需要很高的运算量和成熟的技术平台支持。不过这种情况随着技术的不断进步，已经得以初步实现。

> 谷歌开发的"阿尔法狗"，其基本工作原理就是构建出大量的围棋棋谱模型，通过反复的推演和训练，从成千上万的已知棋谱中得出一般化的围棋对弈原理，然后达到与人对弈的目的。

反绎推理

反绎推理就像其名字所展现的那样，是一种通过结论推向原因的倒推过程。

当我们确定两条规则：a → b 和 b 本身是合理的。而在这两条规则成立的基础上，我们想要通过推理得出 a 为真的结论。这种推理具有不确定的成分，很难得出精确化的结果。

比如，我唱歌会导致嗓子发哑是真，我嗓子发哑也是真，那么由此就推出我唱过歌的结论，明显是不合理的。

但是由于结论合理(相当于例子中的 b)的原因，它往往更容易被人们接受，人们因此称它为最佳解释推理。

当然，自动推理的分类方式并非只有上述一种，而是具有不同的形式。

◆根据推出结论是否单调增加，可以将自动推理分为单调推理和非单调推理；

◆按照推理时知识的确定性分类，又可以将自动推理分为确定性推理和不确定性推理。

在人工智能中，我们往往就需要利用到不同的自动推理方式，并以此达到问题求解的目的。如不确定性推理中的 Bayes 理论、Dempster-Shafer 证据理论、Zadeh 模糊集理论等，就是颇具代表性的具体推理形式，在相关应用中发挥着巨大的作用。

3. 机械优势：超高速运算的强大威力

在证券交易领域里，存在一种被称为"高频交易"（HFT）的交易方法。这种方法可以灵敏地感知股票价格的细小变动，从而快速地自动完成交易。比如，对于同一家企业的股票，当英国市场和美国市场之间，稍微有了一点点的价格差异，人工智能就能买进低价股、卖出高价股，从而赚取差价利润。

在如此高速的交易中，人工智能的计算速度，早就超越了微秒（千分之一毫秒）的计时单位！并且，高速判别是不是需要交易，也可以由人工智能来完成。如今，在高速交易方面，人类已经远远落后于人工智能。

此外，在法律领域，依赖于人工智能的高速处理能力，主营大数据分析的日本 UBIC 公司，已经将在法律诉讼中的证据阅览任务，交给了人工智能技术，这就帮助律师或其助理解决了一件极其繁杂且耗时的工作。

看到这里，相信每个人都会感叹人工智能的超高速运算能力，那这么超高速的运算能力又是如何发展至今的呢？

20 世纪 40 年代 —— 计算机诞生，当时人们对计算机的定位只是辅助人类进行科学研究的工具，是人类智能的延伸。

很多专家在美国集会，首次提出人工智能的概念，希望以计算机为基础，制造出具有人类智能的机器。

1956 年

1981 年

日本倾全国之力开始制造第五代计算机，希望造出一台具有人类智能水平、能够自主学习的机器。

第五代项目完全失败，人们发现在当时的技术条件下，人工智能根本不可能实现，转而把努力的方向放在了提高计算机的运算速度上来。

1990 年

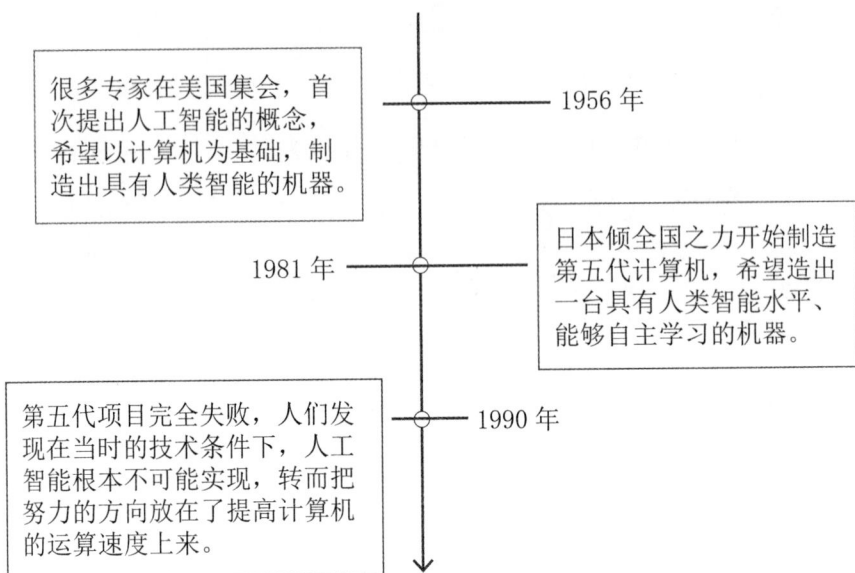

　　于是，有识之士开始正视现实，暂时放弃对人工智能的研究，转而把努力的方向放在了提高计算机的运算速度上来。结果计算机的计算速度越来越快，计算机本身也越来越小，而由于小与快的优势，计算机开始连接一切设备，并开始将人们遇到的各类问题转变成计算问题，通过运算来解决。从这个角度上说，计算机的定位并没有发生变化，它依旧是辅助人类进行各项活动的工具，需要人类的操控才能完成工作。而它的限制性也同样明显，那就是只能完成人类懂得怎样完成的工作。

　　然而到了近些年来，随着计算机的运算速度不断加快，情况又发生了新的变化。那就是基础技术平台的基本完善。举一个很简单的例子，在 20 世纪 90 年代购买 PC 机，我们会询问主频多少，这是因为担心机器的运算能力不足，给我们的使用造成障碍。而现在呢？我们购买手机或 iPad，基本不会询问主频，因为我们知道运算能力绝对够用，我们更在乎一些诸如材质、档次、界面是否美观大方等因素。这就是基础技术平台完善后带来的好处，也是技术大爆发的前提条件。

　　而当技术发展到这一地步时，之前被搁置的人工智能又被人拾了起来，并出现了另外一个全新的发展思路，那就是机制替代。其含义就是用完全不同于人类的方式，完成与人类相似的行动或行为。比如识别汉字，我们人类是用眼睛直接看，而机器就要复杂得多，需要将写字过程记录下来，然后对其过程中笔划之类的信息进行分析，得出最终结论。看起来似乎很复杂，但是在计算能力无比强大的基础上，这些过程虽然繁琐，却能在极短的时间内完成，取得不下于人类通过视觉进行识别的效果。

机器人利用摄像头、传感器感知外部条件变化

4.惊奇！超越专家的"专家系统"

在人工智能领域中，专家系统是一个非常重要和活跃的应用版块。它的出现和趋于成熟，使人工智能完成了由理论研究到实际应用的重大转变。从此以后，人工智能的研究方向开始由一般化的推理策略探讨，转向了运用专门知识解决问题。

MYCIN 专家诊断系统

规则举例	基本对话
（defrule 52） IF 假如培养基是血液， 　　gram 染色显现阴性特征， 　　细菌的形状呈现棒状， 　　患者呈现严重程度的疼痛症状。 Then.4 则判断细菌是绿脓菌 （Pseudomanas）。	问：培养基在哪里存在？ 答：血液。 问：细菌 gram 染色分类的结论为何种？ 答：阴性。 问：细菌的形状是怎样的？ 答：棒状。 问：患者呈现的疼痛程度严重或是不严重？ 答：严重。 → 判断为绿脓菌。

专家系统作为早期人工智能中的重要组成部分，是一种特殊的计算机智能程序系统，它具有专业知识和相关经验，具备一定的推理功能，能够从某种程度上等同于领域专家的经验水平，并从专业角度解决各类复杂问题，这也是专家系统名称的由来。

专家系统的简化结构图如下图所示。

专家系统的简化结构图

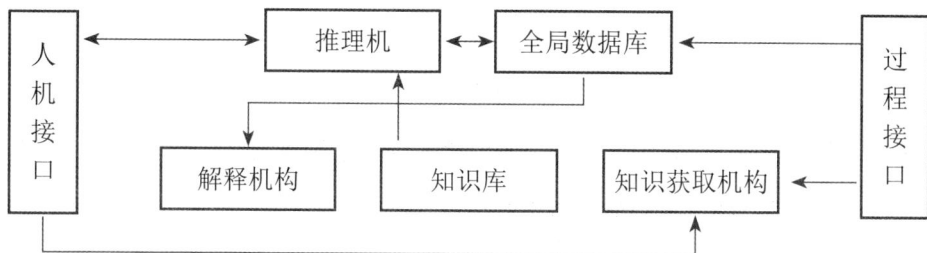

当然，专家系统也存在局限性，那就是在解决问题时，一般会缺少基本的算法。此外，专家系统的信息条件缺乏精确性和完整性，这很容易导致其推理结果存在偏差。不过即使如此，专家系统依然是一个功能强大的信息系统，因为它能够解决一些极高难度的问题，而这些问题往往只有该领域的专家才能正确解答。

一般来说，按照不同角度，专家系统可以分为不同类别。

◆应用领域——医学、地质等。

◆执行任务——解释、预测等。

◆实现方式和技术——演绎型、工程型等。

而从构造角度来说，专家系统则是由知识库、推理机、人机交互界面、解释器、综合数据库以及知识获取等多部分共同组成。

知识库

知识库中存放着来自专家的各类知识。而专家系统之所以能够模拟专家的思维方式，对问题进行求解，其根本来源就是知识库的知识。所以，专家系统的质量的优劣，往往取决于知识库的知识储量是否完备。一般来说，知识库具有相对独立的特性，与专家系统程序并非从属关系，用户完全能够在知识库中对其内容进行改变和完善，以此来对专家系统的性能进行提升。

推理机

推理机很像是专家解决问题的思维方式，它可以对问题的现有条件和已知信息进行分析，并将它们与知识库中的相关规则进行不断比对，以此来得到全新的推论结果，从而达到解决问题的目的。

◆正向推理

正向推理是寻找与数据库中规则相匹配的信息，然后通过冲突消除策略，在满足条件的信息中选择一个进行执行，从而达到改变数据库原本内容的目的。在这种不断寻找的过程中，除非是数据库中的信息与目标相一致，或是无法找到任何可以与之匹配的相关规则，不然搜索过程就不会停止。

◆反向推理

反向推理是从最终目标出发的反向推导策略。它所搜寻的是执行后果之后，哪条规则可以达到目标。当这条规则能够匹配数据库中的事实时，就说明问题已经得到解决；如果无法匹配，就将此规则的前提转变为一个新的子目标，重复上述匹配过程，直到规则与事实完全匹配，或是没有规则再供使用时，系统就会以对话形式发出指令，让用户对必需的相关事实进行回答和输入。

人机交互界面

通过人机交互界面，用户可以与系统进行交流。其具体应用方法是：用户在该界面输入信息，对系统提出的问题进行回答，而系统则会输出相关推理结果和解释等信息。

解释器

解释器又叫做直译器，是一种将高级编程语言进行逐行转译运行的电脑程序。它不会将整个程序一次转译出来，而更像是一个"中间人"，在运行程序的时候将本来的语言进行语言转换，然后再运行下去。在专家系统中，解释器往往可以在用户提问的基础上，阐释结论和具体求解过程，具有十足的人性化特征。

综合数据库

我们可以将综合数据库看作是暂时性的存储区，其存储内容包括在具体推理过程中需要的原始数据、中间内容以及最终结果等信息。

知识获取

知识获取是指向专家或其他知识途径汲取知识类信息，并将其向知识型系统进行转移的相关技术。知识获取属于专家系统的核心技术，它的质量高低往往决定了知识库是否优越。我们通过知识获取，不仅能够对知识库里面的内容进行修改和扩充，还能够使自动学习功能得以实现。

5.移植人脑思维的"深度学习"

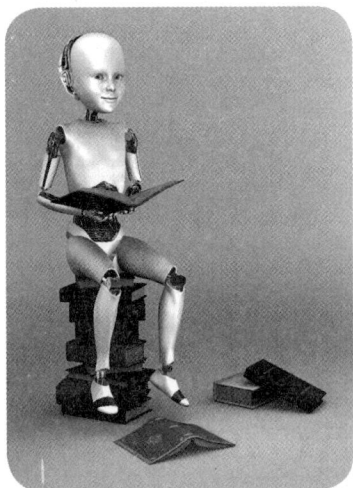

机器人的"深度学习"

2012 年，在 ILSVRC（大型人工智能视觉辨识挑战赛）现场，加拿大多伦多大学开发的人工智能程序 SuperVision，以 15% 左右的错误识别率，远远领先于其他智能程序（紧排其后的是东京大学的 ISI，错误率在 26% 左右），一举夺魁，在人工智能领域引发了一场地震。而 SuperVision 取胜的关键，就在于多伦多大学教授、人工智能领域专家杰弗里·欣顿领衔创立的新型机器学习方式——深度学习。

若想理解"深度学习"的含义，就要从其前身"神经网络技术"开始谈起，因为两者的发展可谓是一脉相承。那么，到底什么是神经网络技术呢？其实业界对此并没有一个严格的定义，最为大众所认可的说法，就是模仿人类大脑 + 神经元传递，从而对大量信息进行智能化处理的技术。

神经网络技术与专家系统不同，并非在大量的"如果—就"规则下进行问题求解，而是一种通过建立计算模型，使模型在大量数据的基础上进行重复训练，进而产生智能的技术方式。我们如果想使这样的神经网络成型，就需要很多互相连接的节点（也叫做神经元），并使它们具备以下两个特点。

特点	具体内容
1. 计算加权输入值	每个神经元都需要在特定输出函数的基础上，对其他邻近神经元的加权输入值进行计算和处理。
2. 用加权值定义信息传递强度	我们可以用加权值对神经元之间的信息传递强度进行定义，在这种情况下，算法将会进行自我学习，并不断调整加权值。

当满足了以上两个特点之后，计算模型将进行大量的训练，并在训练过程中进行不断的评估和纠错，以求达到最优化的训练效果。一般来说，此类评估和纠错工作可以使用以下两种方式来表示。

方式	具体内容
1. 成本函数	成本函数是一种通过使用定量评估方法，对根据特定输入值得出的输出结果进行评估，以此来确定输出值与正确值之间的差异，从而确保结果的有效性。
2. 学习的算法	当我们得出成本函数的结果之后，可以通过自学和纠错的手段，在最短时间内找出不同神经元之间的最优化加权值。

使用一句通俗点的话来解释，神经网络算法的根本点就在于计算、连接、评估、纠错、疯狂培训等一系列不断重复进行的环节。但是有一点我们需要注意，那就是随着神经网络技术的不断发展和进步，其与生物神经元相似的结构

特性产生了一定的变化，并逐渐体现出相互脱离的趋势，然而神经网络技术也保留了一些精髓，它们分别是非线性、分布性、并行计算、自适应以及自组织。

📢 **什么是非线性、分布性、并行计算、自适应以及自组织？**

◆非线性是指信息变量之间的数学关系。

◆分布性是指利用多个神经元共同表达同一概念，或利用一个神经元表达不同的概念。

◆并行计算是指一次执行多个不同指令的算法，它可以在很大程度上提高运算速度。

◆自适应是一种根据处理数据不断调整，以求达到最优化处理效果的过程。

上述这些特性，则共同构成了深度学习的核心。

◆自组织则是混沌系统在进行随机识别时耗散结构的具体过程，它的能力决定了神经网络系统保持和产生新功能的能力。

当然，我们在具体的实践过程中，还会遇到两个有关神经网络计算的问题，一是算法往往局限在局部最优解，就好像"只见树木，不见森林"；二是在算法的培训时间太长时，往往会出现过度拟合的现象，比如将噪音当作有效信号处理。这些问题是神经网络和深度学习的局限性所在，需要我们在实际应用中加以注意。

6. 鲁棒性？维持系统稳定的关键

2015 年初，物理学家史蒂芬·霍金、特拉斯电动汽车公司 CEO 埃隆·马斯克在内的科学家、企业家和投资人联名签署了一封公开信，信中重点提出关注人工智能研究的鲁棒性和有益性，以促进"美好的未来图景"和"降低人类生存的风险"，避免人工智能开发过程中存在的风险。

看到这里，你可以会产生疑问，鲁棒性有这么厉害吗？难道它能降低人工智能带来的风险吗？

其实，鲁棒性（Robustness）原本是一个统计学中的术语，在 20 世纪 70 年代初的时候，它开始流行在控制理论的研究领域中，用来表述特性或参数扰动在控制系统中的不敏感性。而鉴于鲁棒性这个词汇不易被人们理解的特性，后来人们又将其称为"抗变换性"，从此"鲁棒性"和"抗变换性"就开始互

那到底什么是鲁棒性？

用一个通俗的解释就是指系统的健壮性。这是系统在意外情况下保持其稳定的关键因素。例如某个计算机软件，在运用过程中出现了输入错误、网络过载以及磁盘故障等不良情况，系统是否可以做到不死机、不崩溃，往往就体现了软件的鲁棒性是否出色。如果按照专业定义，鲁棒性是指在某些参数（如结构、大小等）的摄动下，控制系统保持另外一些性能的特性。

相通用，一起用来表述相同的定义。而在控制系统领域的研究历程中，鲁棒性问题经常与控制系统的相对稳定性、不变性原理以及内模原理联系在一起。早期的鲁棒性研究主要集中在单回路系统频率特性，以及在小摄动分析基础上的灵敏度问题；而现代的鲁棒性研究则重点集中在控制系统在某些摄动下的分析理论及应用方法。你看，既然鲁棒性与人工智能的系统稳定性相关，那当然会关系到人工智能是否会带来风险的大问题了！如果系统不稳定，带来的危害可想而知。

而根据性能的不同特点，我们可以将鲁棒性分为稳定鲁棒性与性能鲁棒性。

稳定鲁棒性

对于控制系统来说，鲁棒性往往与抗干扰能力划等号，鲁棒性越强，则说明系统对于各种类型扰动的对抗能力越强。而在实际工程系统中，控制系统可能会出现模型参数大幅变化或结构产生变化的情况，在此类不利情况下，系统是否仍可以保持渐近稳定，往往是人们最为关心的问题。而我们就可以把系统在这一过程中展现出的特性称为稳定鲁棒性。

一般来说，如果某个控制器能够保证对模型组中的每一个对象都能做到反馈系统内稳定，那么我们就可以认为系统满足稳定鲁棒性的要求。

性能鲁棒性

对于控制系统而言，仅仅满足稳定鲁棒性还不够，我们还需要控制系统在受到模型扰动的影响下，维持一个可控的品质指标，换句话说，就是使系统性能仍能得到一定的保证，这就是性能稳定性。

在具体的闭环控制系统中，如果存在一定程度的参数不确定性和未建模动态，而系统在这种情况下不但能够保持内稳定，而且在动态性能品质方面也可以得到一定的保证，我们就可以认为系统能够做到性能鲁棒性。

其实，稳定鲁棒性只是鲁棒性中的基础，而性能鲁棒性才是系统更高的需求。一般来说，性能鲁棒性包括很多方面的动态性能，比如信号跟踪、干扰抑制、响应性以及最优性等。而如何改善系统在不稳定前性能下降的情况，实现性能鲁棒性，则是我们进行鲁棒性控制的最终目的。

7. 全新阵地：奇妙的情感语音合成

2016 年 3 月 29 日，百度发起了一场特殊的悼念活动，其内容就是为了纪念巨星张国荣诞辰 60 周年。之所以说这场活动特殊，是因为在此次活动中，张国荣的话语真的响彻在悼念会上。而且这并非是录音或其他一些非技术性手段，而是百度依靠其情感语音合成技术，高度还原了张国荣的话语，并与粉丝实现了互动交流。这些充满感情的话语非常真实，令很多粉丝听过之后，都不禁流下了热泪。

其实，对于人工智能领域来说，语音识别合成技术一直是一个难点，其难就难在对同一句话语的不同语调进行人性化识别。例如，汉语中的一句话"你怎么能这样？"在不同的语境和语调下就可能是以下几种完全不同的意思和情绪。

你怎么能这样？

| 指责 | 愤怒 | 失望 | 打情骂俏 |

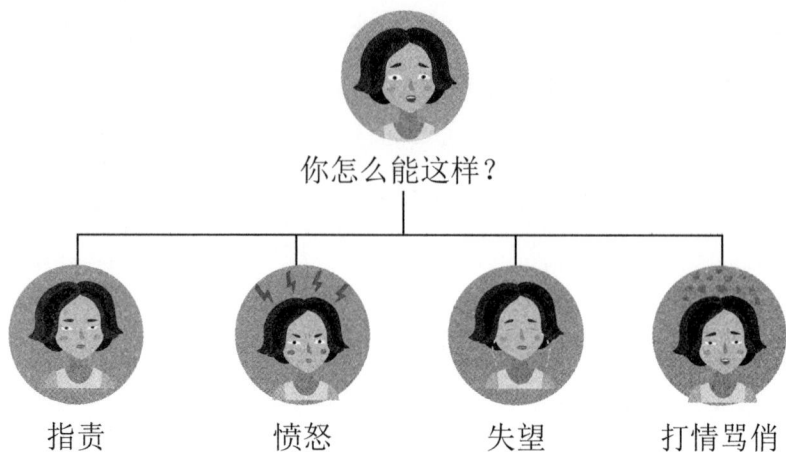

　　如果无法对这些语调涉及的情感因素进行准确分辨，就不能理解说话人表达的具体含义。而在这种情况下，正常的互动交流更是无从谈起。

　　情感语音合成技术的突破，则很好地解决了上述难题。正如上述例子中还原张国荣的声音那样，不但要让声音真实，而且要让声音带有真情实感。而这种技术突破的关键，就是依托于传统的语音合成技术，在大数据和深度学习等优势技术的支持下，实现的创新性技术突破。百度也凭借这种技术，凸显了自己的技术实力，并在粉丝中间开展了一场很好的情感营销活动，产生了出色的营销推广效果。

　　情感语音合成技术的趋于成熟，说明人工智能已经开始深入到我们的生活之中，并使我们在情感方面产生共鸣。它不像阿尔法狗那样，使人们产生一种模糊化的距离感，觉得后者离我们的生活还有很远。而是使我们产生一种人工智能就在身边的认知，从而在最大程度上产生亲切感和认同感。

　　实际上，情感语音合成技术已经充斥在不同的领域，并取得了很好的发展效果。

◆手机百度小说频道的上线，用户可以在该频道内欣赏到情感男声的小说阅读服务，当他们闭上眼睛仔细体会时，甚至无法分辨说话的到底是人还是机器。

◆微软开发的小娜和小冰等人工智能程序，也能够与用户进行人性化的互动沟通，与真人水平相当接近。

此外，情感语音合成技术的未来发展同样不容小觑。它很可能被应用到小度常驻百度搜索栏以及正在开发的度秘等产品的身上，产生更好的创新性突破。当这种技术发展到一个极高的程度时，甚至可能出现小度常驻搜索栏与用户直接对话的现象。到那个时候，小度可以作为人们在 PC 端的秘书，为用户提供人性化的咨询和相关服务。虽然这些东西在目前来说并未实现，但它们并非幻想，而是具有很大的实现可能和操作空间，并在未来对不同行业产生颠覆性的冲击。

8. 人机大战史：从深蓝、沃森到阿尔法狗

我们先来看三段著名的"人机大战史"。

1997 年，IBM 推出的超级计算机"深蓝"，与国际象棋大师加里·卡斯帕罗夫展开国际象棋方面的对决

结果"深蓝"以 2 胜 1 负 3 平的成绩取胜，震动了整个世界

"沃森"一路凯歌，最终得到了 100 万美元的巨额奖励

2011 年，在美国竞猜节目《危险边缘》中，IBM 生产的"沃森"挑战诸多人类高手

2016 年，谷歌推出的人工智能程序"阿尔法狗"，与世界围棋大师李世石展开了激烈较量

"阿尔法狗"最终以总比分 4:1 获胜

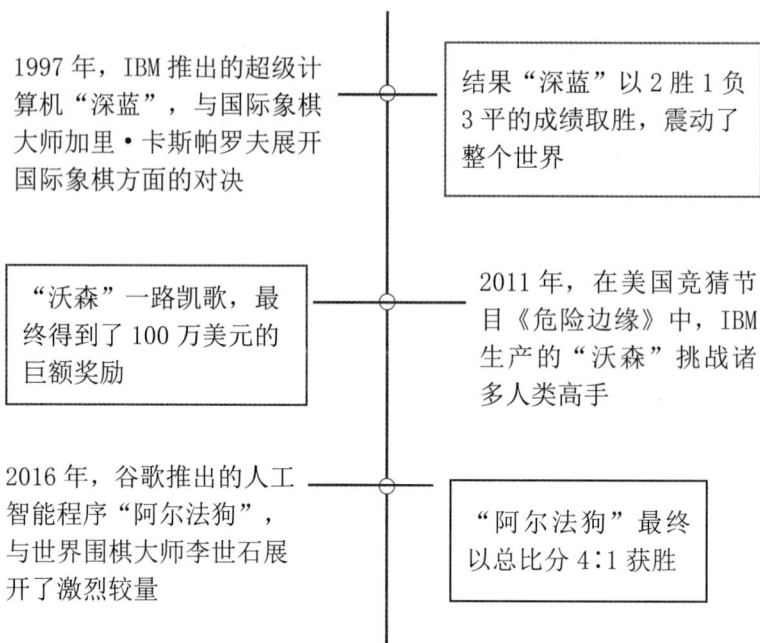

其实，我们与其说上述历程是"人机大战史"，不如说它是人工智能的进化史。因为这些历史无不表明了一个事实，那就是人工智能在 20 年的发展过程中，取得了飞速的进步和丰硕的成果。

在前面我们就介绍过，人工智能的起源较早，甚至可以追溯到 1956 年，之后人工智能就成为人类的最高梦想之一，无数专家和学者孜孜以求，希望能够在这个领域内实现突破。然而这个过程却十分漫长，期间更是经历了很多的挫折与失败，如日本的第五代计算机研究失败。人工智能的研究更是一度陷入低谷，甚至是停滞之中。

而"深蓝"的出现，可以说是为人工智能领域注入了一支"强心针"。

"深蓝"出现的意义：人们第一次认识到人工智能的强大力量，那是一种足以战胜人类最高水平的全新事物。对于人工智能领域的专家们来说，不断加快机器的运算速度，使其实现更进一步的发展，并达成更高一步的成就，就成

为他们的重点研究方向。

"深蓝"的不足：在运行过程中也出现了一些问题，而且这些问题还十分明显。比如它以"强记"的方式，在系统中输入了两百多万局的国际象棋棋谱，并通过"固定"程序逻辑进行决策。从这个角度上说，它的每一步下法实际上是在所有可能的棋谱中筛选出具有针对性的策略，这种应对方式使得它显得僵硬且死板。

又经历了多年的发展，在2011年，"沃森"出现在我们的视野中。

"沃森"的强大之处：它直接参加了以应变性著称的竞猜节目《危险边缘》，并以远远超过人类同行的优势，取得了最终的胜利，可以说是一鸣惊人。"沃森"除了具有庞大的信息数据库以及80万亿次/秒的强大运算能力，其最大的进步就是它拥有了逻辑推理能力，能够在已知的数据中通过合理化评估和推理，找到正确的答案。相比于"深蓝"，"沃森"在人工智能领域中又迈进了一大步，它并非像"深蓝"那样，只是做大规模的筛选和计算，而是通过整合机器学习、大规模并行计算以及语义处理等高科技领域，形成一个完整的体系构架，并在这个构架的基础上对人类的自然语言进行解读。这无疑是一个非常了不起的成就。

"沃森"的不足："沃森"在其发展过程中也出现了一些局限性。其中一个典型表现就是对俚语的理解出现了问题。具体来说，就是"沃森"吸收了很多关于俚语的知识，但它无法理解此类语言中的微妙用意，于是它根据自己的判断，机械地使用这些语句，造成了令人哭笑不得的结果，比如会突然冒出"脏话"，这就是它的局限性所在。

然后，"阿尔法狗"闪亮登场了。

"阿尔法狗"的出现早有端倪，在"深蓝"战胜国际象棋大师的时候，有人就在畅想一些其他领域的事情："计算机已经在国际象棋领域称雄了，何时才能在围棋领域取得相同的成就呢？"这在当时看来是不可能的，围棋可不是国际象棋，它充满了不确定性，每回合有 250 种不同的情况，而每一局能够长达 150 个回合。这可不是单纯的运算能够解决的。如果想造出这样的人工智能，不但需要它具备极强的记忆能力和逻辑思维能力，甚至需要它产生创造性和个性。而最终的发展情况大家已经知道了，"阿尔法狗"化不可能为可能，一举震惊世界。

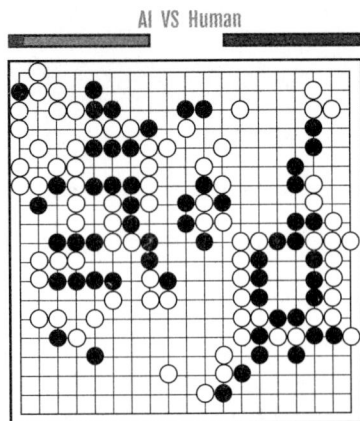

"阿尔法狗"和人类对决

"阿尔法狗"具有极为强大的功能："阿尔法狗"的成功，与"深度学习"和"自我训练"密不可分。这是一种模仿人类的大脑神经网络，使机器能够以一种类似于人脑的方式产生学习、记忆、分析甚至创造能力的模式。"阿尔法狗"就是通过这种机制，在系统中建立计算模型，并通过成千上万次的训练、评估、纠错，达到了对围棋规则和战法无与伦比的认识，最终战胜了人类世界冠军。

我们可以分析一下神经网络技术的基本流程：

对数据样本进行大量搜集

⬇

建立模型

⬇

使模型不断学习样本

↓

模型通过自我训练找到内在规律

↓

模型可以对某一细分领域做到整体把握

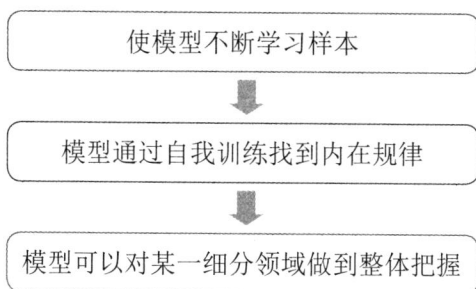

"阿尔法狗"正是用到了神经网络技术，它通过对海量棋谱的学习和不断的自我对战，对围棋的规则和战法产生了深度认知，并在实战中做到了成功应用。

此外，"阿尔法狗"拥有两个奇特的"大脑"，其中一个为"策略网络"，拥有选择下一步走法的功能；另外一个叫做"价值网络"，可以预测比赛的最终胜利者，也就是说，"阿尔法狗"每走一步就可以预测一次获胜方，极大地减少了固有运算量。而且在两个"大脑"的配合工作下，将围棋原本无比庞大的搜索空间压缩到一个能够控制的范围。这些因素同样是"阿尔法狗"能够取得成功的重要原因。

"阿尔法狗"也没有发展到完美的地步：一个很明显的例子就是，它只能在单一规则下的单一领域中称雄（例如围棋），但不可能做到跨领域应用。比如改变围棋规则，或是改成下五子棋或跳棋等，除非研发者能够为"阿尔法狗"提供大量的相关数据和训练时间，不然它就只能是一筹莫展，甚至在面对初学者时败下阵来。

当然，虽然因为受软硬件技术限制，"阿尔法狗"还存在着一定的缺陷，但是这并不影响其对人工智能领域做出的突出贡献。实际上很多人都对"阿尔法狗"的强大能力表示惊叹，甚至是疑虑，这也从一个侧面体现出"阿尔法狗"的非凡成就。

如今正是人工智能飞速发展、不断取得突破的年代，国内外很多企业都在开展类似的研究，如苹果、谷歌、百度等公司，并取得了一定的成绩。我们期待在不远的未来，出现更多像"深蓝""沃森"以及"阿尔法狗"这样的人工智能，并使它们为我们的生活带来更多的便利和惊喜。

机器人会不会通过这种不断的自我训练而无所不能呢？

看完前面的介绍也许有人仍旧会问，既然"阿尔法狗"可以通过自我训练成为围棋高手，那么是不是有一天它也可以通过自我训练而无所不能呢？要回答这个问题，我们首先要了解目前自我训练这一模式的缺点：

◆程序需要获取到海量的优质数据样本；

◆无法实现跨领域的学习和训练。

一个人类围棋高手即使是面对不同的围棋规则，不管是19路、21路，还是25路棋盘，都可以照下不误，而"阿尔法狗"却不行，它需要搜集不同规则下的棋谱，进行重新训练。其他人工智能程序同样存在类似问题。谷歌图像识别系统如果想要做到识别某个猫脸，就要对几千万张猫的照片进行比对，从而找出目标。而且即使是这样，它在识别的准确率上也无法同人类媲美。一个人只要看到一张图片中的猫，就可以在其他图片中，很轻易地将这只猫识别出来。从这个角度上说，人工智能的应用范围仍然很窄，而且必须建立在大量数据和训练的基础上，它还远远达不到"无所不能"的水准。

9. 深刻的思考：人工智能会摧毁人类吗

物理学家
霍金

人类由于受到缓慢的生物进化的限制，无法与机器竞争，并会被取代。全人工智能的发展可能导致人类的终结。

博斯特罗姆撰写的《超级智能》一书值得一读，我们必须对人工智能超级谨慎，它的潜力可能比核弹还危险。

特拉斯电动汽车
公司 CEO
埃隆·马斯克

微软公司
联合创始人

机器将取代人类从事各种工作，如果我们能够处理得好，它们应该能发挥积极作用。可是数十年后，人工智能将发展到足以令人担忧的程度。

关于人工智能威胁未来人类社会的说法层出不穷，就连这些有远见的世界著名人物也都或多或少地表达了自己的担忧。的确，随着人工智能的发展，未来计算机安全、经济、法律和哲学等领域都可能会受到影响。但恰恰就是这种未知的潜在性，却可以引发多种危机。比如，一些科学家们指出，当人工智能促进了经济自动化的发展，那工人和工人的薪资肯定会受到不小的冲击。另外，值得深思的是，当人工智能通过摄像头、电话线路和电子邮件来采集数据的时候，人们的隐私权如何才能不受到侵犯？而且这致命的自动化武器是否会违背人道主义法？

其实，从这些科学家的言论中，我们可以发现，人们对人工智能的担忧主要有以下两个方面：

1.

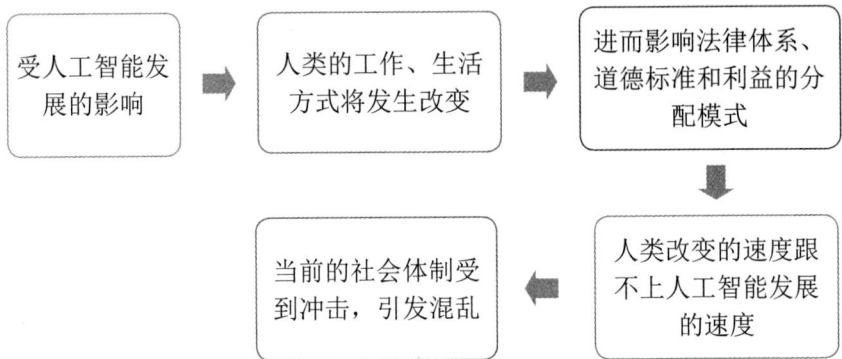

2.

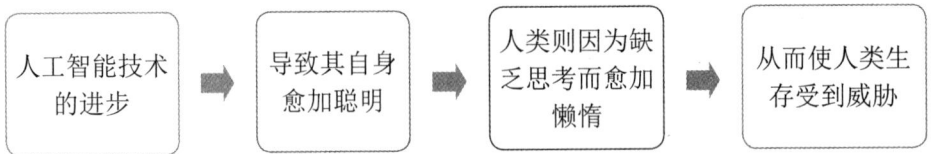

很多专家也提醒我们不必太过担心人工智能威胁论。

我们应对人工智能持乐观态度。人工智能的应用范围广大，并蕴含着无数的可能性，甚至能够实现将一切物体拟人化的目标，从而促使事物的不断创新与发展。

美国著名的科技人、《连线》杂志主编凯文·凯利

"阿尔法狗"创立的意义更多在于帮助人类识别具有研究潜力的领域，并据此开启新的研究方向。

"阿尔法狗"的创建团队，DeepMind 的创始人杰米斯·哈萨比斯

机器在某一方面超越人类其实是很正常的事情，因为这符合人类制造机器的初衷。现在担心人工智能的安全性，就像在两百年前担心飞机制造后坠毁的可能性。完全没有必要，而且会阻碍技术的进步，无法使人工智能技术对人类产生更大的价值。

脸书的创始人，现任 CEO 马克·艾略特·扎克伯格

因此，众多科学家的悲观预测，更像是一种基于想象的未来预测，这使我们不禁想起 1997 年 IBM 公司生产的"深蓝"击败国际象棋大师时的情况，当时人们如临大敌，觉得人工智能会对人类产生致命的威胁。然而结果却是一切如常，"深蓝"被应用在医疗等领域为人类造福，而国际象棋界却因为"深蓝"的出现产生了极大的发展，很多著名的国际象棋大师，如马格努斯·卡尔森等，都有过与人工智能一起训练的记录，他们在这一过程中，不但没有失去信心，反而棋艺得到了飞速的进步。

而且实际上，目前的人工智能远远未发展到威胁人类的程度，从现在发展的状况来看，完全实现人工智能化，至少还需要上百年的时间。英国利兹大学自动推理教授托尼·科恩认为："尽管识别程序和语音识别取得了长足进步，但在开放混乱的环境里，机器人表现很差，人工智能最终面临的最大障碍是'机器毕竟是机器'。"

所以，"人工智能摧毁人类"的说法未免有些夸张。就目前投入应用的机器人从事的也都是一些比较基础的工作，比如完成生产线上简单固定的动作等。就连无人驾驶车上使用的智能系统也并不成熟，更别提人工智能能具有思维、情感，甚至对人造成威胁了。但有一点需要注意的是，随着人工智能技术的进一步发展，机器人代替人类工作的那天真有可能会在不远的未来到来。

与此同时，需要我们思考的是，如果机器人时代的到来导致大批工人失业，我们该怎么办？如果机器人由于操作失误引发事故，引发的法律责任谁来负？当黑客利用人工智能进行犯罪活动，我们又应该怎样预防？

10. 从"白马"到"马"的基本归向

我们先来看一则小故事：

中国战国时期的名家代表人物公孙龙有一次骑着白马到了函谷关前面。

守门的关吏对他说："你可以过关，马可不行。"

公孙龙说："白马又不是马，怎么就不能过关呢？"

关吏肯定地说："白马当然是马。"

公孙龙说："'马'指的是一种外形和事物的名称，'白'指的是一种颜色，两者是不同的概念，而当两者统一起来则称为'白马'，它既不属于'白'，也不属于'马'，所以白马可以过关。"

关吏听了哑口无言，又觉得很有道理，便放公孙龙和白马过关了。

这个故事便是有名的"白马非马"论，其中阐述的重点就是个性与共性之间的关系。而在人工智能领域之中，同样存在着一对特殊的"个性"与"共性"，那就是特定领域的人工智能与通用人工智能，它们同样形成了一种特殊的"白马"与"马"的逻辑关系。

特定领域的人工智能

在过去二三十年的发展历程中，人工智能在很多方面都做到了超越人类，展现出其特有的功能性优势。专家们也将研究重点放在了利用人工智能的优势，对人类的现有能力进行延伸上面，并取得了不俗的成果。例如语音识别、智能绘图、智能咨询等，就是其中的重要种类。一般来说，只要一个任务能够具备明确的目标，人工智能就有很大的可能将其实现。

但是，这种发展与进步往往是局限在某些特定领域的框架内的，例如语音识别只能识别声音，智能绘图只能绘制图形，智能咨询只能回答特定领域内的特定问题等，它们都属于单一领域中单一方面的具体应用。而这种情况其实很正常，因为我们制造人工智能毕竟不是为了使它完全取代人类，而是为了使它成为帮助我们进行某一方面工作的工具。就像我们制造出汽车帮助自己奔跑，制造出飞机帮助自己飞行一样，其本质还是在制造出一个能够充当"帮手"的工具。

通用人工智能

对于通用人工智能，推出"阿尔法狗"的 DeepMind 公司给出了一个定义：这是一种具备生物系统的特点，能够进行灵活学习的算法。它仅凭借原始数据，就可以在没有掌握其他数据的基础上，解决如医学、环境、金融等各领域的问题，并完成相关任务。

这种人工智能在现阶段只是处于理论范畴中，并未得以实现。其中的原因有很多，最重要的一点是基础技术条件的限制。因为绝大多数的人工智能应用范围都十分有限，我们一般都是训练预设程序，使机器在此基础上执行单一类别的任务，而无法使程序做到举一反三、跨领域地执行其他任务。此外，如何找到开启通用人工智能的原始数据，也就是针对所有问题的通用解决方法，同样是一件很关键的问题。这个问题如果无法得到解决，通用人工智能就很难得以实现，而这个过程可能需要数十年甚至上百年的漫长时间。

然而，通用人工智能却是人工智能在未来的重要发展方向，如果能够得以实现，那么它将与人类专家一起，解决诸如癌症、气候变迁、能源、经济学、化学、物理学等诸多方面的难题，而且使人工智能不再受到巨大的信息量制约，这无疑是值得我们期待的事情。

11. 由"弱"到"强"的人工智能

我们在很多专家的论述中都听到过一组对立的名词：弱人工智能和强人工智能。那么，弱人工智能与强人工智能有什么区别呢？

弱人工智能
- 令机器进行智能的行动

强人工智能
- 令机器像人一样思考

从以上角度来说，我们现在看到的一切人工智能都是弱人工智能，它们并不具备人类的思考能力，而是在数据的支持下帮助人类完成某一领域内的工作。

弱人工智能简单介绍

典型代表	微软小冰
简介	微软小冰靠的并非是思维能力，而是从数据库中对输入的信息进行查找和比对，并通过不断排除和评估，找到可能性最大的答案，从而实现与人类之间的正常对话。
结论	微软小冰的"思考"和"感情"都是装出来的，其本质还是通过数据类比，进行符合逻辑的判断，从而找到符合问题特征的答案。

强人工智能简单介绍

理论依据	由哲学专家约翰·罗杰斯·希尔勒最先提出，其论述重点在于使计算机具备人类的思维，像人类一样思考。
基本定义	人类制造出的具有自主推理和解决一般性问题的智能程序。此类程序具备知觉和自我意识，可以完成自我编程和开发新人工智能的工作。
具体分类	类人人工智能：模拟人类思维方式和智能水平的人工智能程序。
	非类人人工智能：具有和人类完全不同的思考方式和相关意识，超出人类理解范畴之外的智能程序。

对于强人工智能，谷歌技术总监、未来学家雷·库兹韦尔曾经提出过一个著名的"奇点理论"，其中心内容如下：

技术会在未来的某个时间点实现爆发式增长，并突破一个临界点，这就是"奇点"。到了那个时候，人工智能将会具备人类的思考能力，达到人类智力水平或比人类智力更高的水平，而人类文明届时将会被人工智能彻底取代。

　　这种说法无疑很可怕，并引发了很多业内人士对人工智能的忧虑。此外，某些哲学家也从人类本身出发，论证强人工智能存在的合理性：人类本身就是一台具有智能和情感的机器，那么机器又为何不能具有类似人类的智能和情感呢？

　　其实，就目前来看，人工智能界普遍认为人工智能还处在一个低智能的阶段。

　　比如，一个处在阴影中的球体图片，人类可以很轻易地分辨出那是一个球；而人工智能可能就会认为那是黑、灰、白三种颜色。如果想要令人工智能达到分辨球体的效果，就需要为其输入数千万张球体图片，令其进行大量的重复性训练。即使是这样，人工智能依然可能会出现辨认不准的情况。

　　因此，所谓的强人工智能，目前只存在于科幻电影和其他文学作品中。我们对于人脑的运行机制和思维模式并未完全认清，无论是深度神经网络、进化算法，还是遗传算法，都不过是在我们目前的认知范围内所做的简单模仿，还远远谈不上比肩人类大脑的一般水平。

12. 未来发展：智能过后是本能

　　谈了这么多有关人工智能的知识，我们对于人工智能也应该有了一个基本的了解。那么，人工智能未来的发展之路又在何方呢？

理解：像人类那样联想和感悟

什么是理解呢？我们看到一篇文章，能够将其一字不错地背下来，甚至默写下来，这并不代表我们理解了这篇文章。真正的理解，是我们从文章中得到感悟、产生联想，甚至在现有文章的基础上得到了很多关于其他方面的知识，这时我们才能说自己已经理解了这篇文章。

现在来谈谈"阿尔法狗"，人们为什么认为它不具备真正的智能？原因其实很简单，那就是人类编写了它的程序，而它自己并不具备编程的功能。那么它为何无法实现自我编程呢？首要原因就在于它无法理解人类的语言。而编程恰恰需要机器在理解人类语言的基础上，将人类的需求转换成计算机语言。

让机器人像人类那样联想和感悟

诗句"两个黄鹂鸣翠柳，一行白鹭上青天。"表述的是春天万物复苏、阳光明媚的优美景象，我们可以从中产生很多关于春天的美好联想。但是对于机器来说，这不过是 32byte 的存储数据，在一瞬间就可以被记录下来，并在查找相关资料时快速地加以辨别。

在上述例子中，机器并没有理解诗句，它只是在记忆查找而已。

人工智能应该向着理解的方向发展，做到将原始信息与其他信息进行关联，并在接收到全新的信息时，将其与原始信息进行重复性关联。这种关联建立得越多，就代表人工智能在理解方面做得越好。如果有一天，当我们为人工智能程序输入唐诗后，程序可以反馈给我们符合其意境的相关图片以及其他方面的相关知识，我们就可以说人工智能真正做到了理解。

机器人的自我思考和实时创新

解决问题：自我思考和实时创新

我们将人工智能制造出来，最重要的原因就是让它为我们解决实际问题。而在解决问题的过程中，所需人类参与的程度越少，就说明人工智能对我们的帮助越大。当人工智能既具备与人类互动交流的能力，又能够做到自己思考问题和解决问题，甚至是在解决问题的过程中实现自我创新时，我们就可以称其为最高级的智能。

当然，这个目标在当前阶段还不具备实现的技术基础，但它也并非多么神秘，因为其最终实现的途径还是要模仿人类在解决问题时的思维方式，也就是类比和想象。

先说类比，比如逻辑推理，就是一种类比的思维模式。它是指在某个应用场景中运用一条定理或定律，达到解决问题的目的。比如，当我们在解一道物理题时，就会将相关的物理定律应用进去，就是用到了类比的思维；另外，我们常用的归纳法和演绎法都属于类比思维的范畴；而创新往往也是在受到类似事物的启发时，产生的创新性联想。

想象力则是在解决问题时另一个很重要的因素。它属于组装记忆的范畴，可以模仿感官输入能力。比如，剧组在选取角色时，往往就会先确定一个虚拟化的模板（比如文学作品中的虚拟形象），然后根据模板进行选角，在不断重复的过程中找到与模板最接近的角色。

当人工智能具备了类比思维和想象力，我们就可以认为它能够充当"独当一面"的角色，做到为人类真正解决问题。但是有一点我们需要承认，那就是我们并不能断定这种情况实现的具体时间。这一切都要看科技的进步程度能否打破人类的固有技术壁垒。

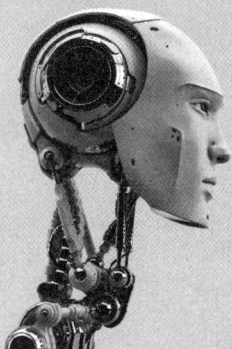

技术应用：
推动产业进步的强大力量

当前，机器人技术已经在社会各领域得到了广泛应用，并成为打破传统产业壁垒、实现产业创新和发展的重要力量。例如，制造业机器人提高了工厂的生产效率；服务机器人为人们提供了更加便捷高效的各类服务；特种机器人代替了人类的工作，在各种对人类有害、有危险的环境中进行特殊作业……在新时代下，机器人产业迎来了井喷式的发展，并开始充斥在社会的各个角落，成为了推动社会进步的强大力量。

1. 大接轨：商业、社会与机器人的联合

在很多人的设想中，未来将是一个充满机器人的世界，机器人将会在很多传统需要人力劳作的领域中取代人类的地位，成为社会的主要组成部分。然而，随着机器人技术的飞速发展，这种设想已经逐渐变成现实。"机器人化"这个词汇开始出现在我们的视野里，而它的定义正是指机器取代人类完成某些工作的过程。

这种现象并非现在才有，而是早就显露端倪。比如，汽车工厂的机器人可以更高效、更快捷地组装汽车，节省下很多人力成本。

随着技术的不断进步，如 IBM 的沃森计算机、网络机器问答服务 WolframAlpha，以及谷歌的无人驾驶汽车等科技成果相继出现，机器人技术更是取得了长远的进步。

实际上，这次机器人热潮和以往并不一样，它不仅体现在高端研究领域的突破，更是和我们的社会生活紧密联系在一起，并对各行各业产生了深远的影响。

◆在快餐店工作的机器人，可以负责制作食物（如炸鸡块、炸薯条）、点餐、清洁等各项工作，维持整个快餐店的正常运营。

◆而在会计师这一职业领域，机器人不仅已经具备阅读数据、计算等能力，还能够遵守税务

餐厅机器人

和支付方面的相关规则，娴熟地开展业务。例如，TurboTax 可以在一定程度上代替会计师进行工作。

此外，此类技术还处在不断地进步之中，在不远的未来，机器人会计师真的有可能出现在我们面前。

同时，如机器人音乐家、机器人画家等，也有可能在未来的某一时间点出现，并取代这些领域中人类的工作。这并非天方夜谭，要知道创造音乐的机器人和智慧绘图软件已经开始出现了，它们是机器人浪潮的一种具现，体现出机器人势不可挡的发展趋势。

当然，说了这么多，我们并非是为了制造恐慌，或证明"机器人威胁论"的正确性，而仅仅是为了表明一个不容忽视的事实，那就是机器人在商业、制造业，乃至整个社会中产生了重大的影响。很多人更是据此得出了机器人会代替人类接管社会的结论。然而，这一结论只是猜测，因为从目前来看，机器人给社会带来的还只是一些很细微的变化，并非激烈的变革。这就像工业革命改造农业社会一样，是一个渐进的过程，可能需要几十甚至上百年的时间。

实际上，机器人浪潮对于人类来说并不见得是一件坏事，它不仅会提高各行业的工作效率，对整个社会的发展起到很好的促进作用，更重要的是可以在简单的事物方面取代人类的工作，做到充分解放劳动力，让人们将工作的重点更好地放在具有创造性和个性化的领域之中，达成一种人类与机器的全新平衡。这种情况的产生，将会促使人类自身的进步，甚至是进化，从而对人类产生不可估量的正面影响。

2. 来吧！引领时尚生活的服务机器人

"先生您好！"

"你好！我要一个牛肉汉堡，一杯可乐。"

"请问汉堡要辣的还是不辣的？可乐要大杯还是小杯呢？"

"不辣的汉堡，大杯可乐。"

"请问您是在这里就餐还是带走呢？"

"在这里就餐。"

"好的，这是您要的食物和找的零钱，请您收好。另外，祝您用餐愉快！"

上述对话看起来是不是很熟悉？我们每个人去快餐店用餐，与服务员对话时都能遇到这样的场景。但是如果我告诉你，服务员并非人类，而是一台服务机器人，你又作何感想呢？

其实服务机器人并没有我们想象中那般神秘，餐厅中的服务机器人也不过是服务机器人中的一个种类而已。

那可能很多人会问，到底什么是服务机器人？除了餐厅中的服务机器人，还有什么其他类型的服务机器人呢？

在一般化的定义中，服务机器人是指为人类提供各类专业和家庭服务的机器人，它在庞大的机器人家族中，属于一个年轻的成员，而其快速发展和突破重点则集中在最近几年。根据使用者以及使用环境的不同，服务机器人一般可以分为个人或家庭用服务机器人和专业服务机器人两类。它们各自具有不同的特点。

个人或家庭用服务机器人

作用	可以代替人类完成各种家庭服务工作，并在防盗检测、安全检查、物品搬运、清洁卫生等日常领域为用户带来了很好的服务体验。
举例	扫地机器人、清洁地面的机器人地宝、自动擦窗的机器人窗宝以及空气净化机器人等。

近些年来，个人或家庭用服务机器人已经和人们的生活联系得越加紧密，很多用户都可以体会到相关技术进步为自己的生活带来的舒适和便捷。

专业服务机器人

应用范围：主要集中在需要专业技术的专业领域方面。

举例：医疗上使用的康复机器人、手术机器人，以及在安防工作中使用的排爆机器人等。

扫地机器人

案
例
分
析

达芬奇手术机器人

达芬奇手术机器人是美国直觉公司生产的一款微创手术机器人，具有高清 3D 视野、消除人手生理性震颤的稳定操作以及极为灵活的 7 自由度手腕等，能够帮助医生顺利完成盆腔、腹腔等部位的手术，而相比于人类，它在手术中具有更加准确、更加高效的优势。

基于达芬奇手术机器人的出色效用，现在在世界范围内已经有数百家医院将其引入使用，还有数千家医院正在对它的使用权进行申请。

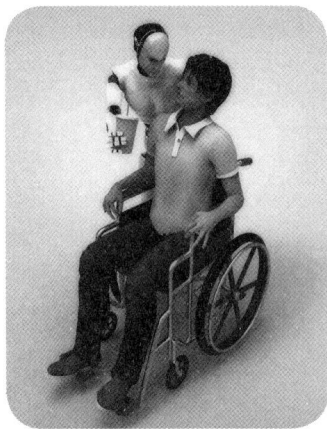

助残机器人

服务机器人的发展前景十分广阔。据一项有效统计显示，到 2020 年的时候，中国将出现 2.48 亿以上的老年化人口，其中 3000 万人以上是超过 80 岁的老人。这类人群对于服务机器人有很大的需求。助老机器人、助残机器人、康复机器人以及医疗机器人等将会拥有较大的应用空间。如果能够将此类市场做到有效、合理的开发，那么服务机器人就会产生可观的经济效益，从而创造出极大的市场商机。

但是，服务机器人在蕴藏巨大商机的同时，也具有更高的智能化要求，尤其是对于硬件的要求很高。我们若想做到对这一领域进行有效开发，就要在计算能力、储能技术（超级电容器）、电子能耗效率、人工智能等硬件技术上追求发展和突破，这样才能达成发展服务机器人产业的目的。而当上述技术条件达到需要，并发展到一个极高的程度时，甚至会出现全能型服务机器人，从而给整个机器人产业带来爆炸式变革。

3. 工业机器人，风靡制造业

对于追求高效率和低成本的工业领域来说，工业机器人的优势是极为明显的，一般来说，只要能够满足技术上的必需要求，经营者往往更青睐于使用不会犯错的工业机器人而非人类。

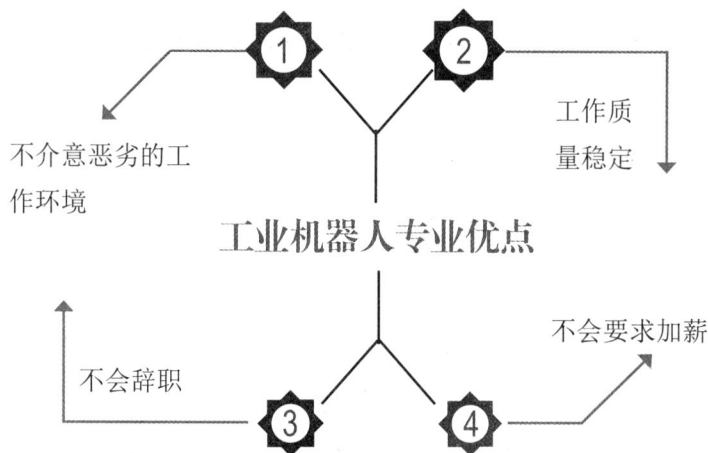

不介意恶劣的工作环境

工作质量稳定

工业机器人专业优点

不会辞职

不会要求加薪

下面，我们就从技术角度，看一看工业机器人在当前的一些发展特点。

通用性

工业机器人能够编程，可以实现多自由度的运动，所以在应用方面会显得较为灵活。这种灵活性虽然比不上人类，但是对于一些在工业自动化领域较为常见的专机（为某一类客户或者工业应用专门定制的专业化机电集成方案）来说，它的优势还是比较明显的。当我们不需要对工业应用做较大改动时，工业机器人的可编程特性足以满足最新的需求，而不必进行硬件上的大量投资。

◆ 在海尔、美的等大型企业的无人工厂中，拥有很多六轴串联机器人，负责搬运工作。

机电性能

工业机器人在进行具体工作时，往往能保持很好的精确度（0.1 毫米以下的运动精度），抓取一吨重的物品，其伸展范围也可以达到三四米左右。这种性能可能无法完成一些对精确度要求极高的项目（如苹果手机的加工配置要求），但是在绝大多数的工业应用方面，却足以能够完成预定任务。而随着工业机器人技术的不断发展，其相关性能还会得到进一步提升。到了那个时候，工业机器人将会完成一些要求极高（如需要极高精确度的高科技零件组装）的工业任务。

◆ ABB 公司开发的 IRB 工业机器人是一种小型机器人，具有小、快、灵的特点，能够满足搬运和上下料等多种工业用途。

人机合作

传统的工业机器人往往是在笼子里面工作的，这是出于安全性和技术方面的考虑。但是笼子的设立毕竟会增加额外的成本和人机协同合作的难度，从而产生生产效率降低等负面影响。所以，如何在去除笼子的基础上，实现人机之间的安全合作，就成为工业机器人的重点发展方向。

◆ Rethink Robotics 生产的 Baxter，以及 Universal Robots 生产的 PR 系列都在人机合作方面开展了有益的尝试与探索，并取得了一定成效。

易用性

工业机器人工作的本质就是走过一个又一个的路径点，并在这一不间断的过程中接收外围信号（I/O 信号）。而若想指导工业机器人做到这一点，就需要我们进行机器人编程。

专业化的机器人编程需要编程人员进行大量的培训，这就会为企业增加一定的成本，而随着编程语言和环境的变化，培训工作又将重新展开，不仅增加了成本压力，还会造成具体操作过程中的种种不便。在这种情况下，如何将机器人编程变得更为简单，增加其易用性，就成为广大厂商在未来的重要投资方向。

智能性

对于工业机器人来说，如何做到更强、更快、更准，才是厂商更为关注的重点，因为这直接决定了工业机器人的工作质量和工作效率。但是随着时代的进步，智能性需求也开始凸显，比如使机器人对人类的指令产生准确化认识，在相对自主的情况下完成指定工作等，这对于厂商提高生产效率、创造出更为优质的产品来说，具有十分重要的意义。

◆在智能化领域，美国的 ROS-Industrial、Rethink Robotics 等企业开展了有益的探索，并取得了一定的成绩。

4. 农业机器人，不同角色的扮演者

农业机器人

20 世纪 80 年代，机器人开始向农业方向进军，接枝机器人、病虫害防治机器人和移栽机器人等逐渐出现在人们的视野中，有效促进了农业的发展。接下来我们就了解一下常见的几种农业机器人。

| **1** 育苗机器人 | **2** 采摘机器人 | **3** 蔬果分级拣选机器人 |

| **4** 户外载具机器人 | **5** 畜产机器人 |

育苗机器人

育苗常见的工作就是播种，在这一点上蔬菜和水稻等的填装培养土、压实整平、覆土和洒水等工作均实现了自动化。而对于较大颗粒的种子来说，目前所研发的播种机可以一粒粒吸附种子，促使种子的方向和发芽位置等保持一致。

一旦发了芽，补植和移植就可以用到穴盘种苗补植机。此外，葫芦科蔬菜嫁接机器人是最早处理不规则形状植物的机器人，其最开始是半自动化，需要植物苗的提供，但如今也已经有了植物苗提供机，实现了由半自动化走向全自动化的进步。

◆荷兰研发出了能够嫁接比西红柿更易弯折、更细的葫芦科植物嫁接机器人。

在栽培和基因技术不断发展的情况下，农业和植物的特性也随之发生了改变，新作物不断出现，为了适应不同的情况，各项技术、消费者爱好以及那些将被淘汰的作业都要考虑在内。但假如我们以开发机器人为根本目的，那么在确立目标时要注重打造新农业生产系统的时机和正在发展中的周边技术。

规模较大的温室和植物工厂想要引进自动化装置相对简单一些，因为其既规范又标准，而且已经配备了一些自动化装置，未来还会有更多机器人的参与。

采摘机器人

目前采摘机器人还没有进入到实用阶段，究其原因可能与以下几个方面有关：

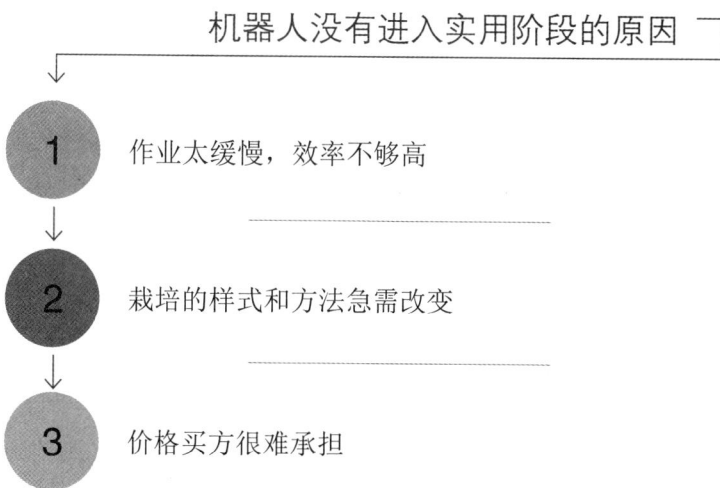

机器人没有进入实用阶段的原因

1 作业太缓慢，效率不够高

2 栽培的样式和方法急需改变

3 价格买方很难承担

除此之外，影响采摘机器人实现实用化的原因还有很多，包括阳光的照射度和作物品种的多样性等。

◆日本农林水产省对西红柿采摘机器人和草莓采摘机器人加大了研究力度，将快速实现两款机器人的实用化。

蔬果分级拣选机器人

很早以前，机器视觉系统、蔬果装箱机器人等技术就推动了蔬果分级拣选方面的进步，而近些年，苹果、梨和水蜜桃等水果也迎来了专业的蔬果拣选机器人。那么，当前最先进的蔬果拣选机器人的工作模式又是什么样的呢？

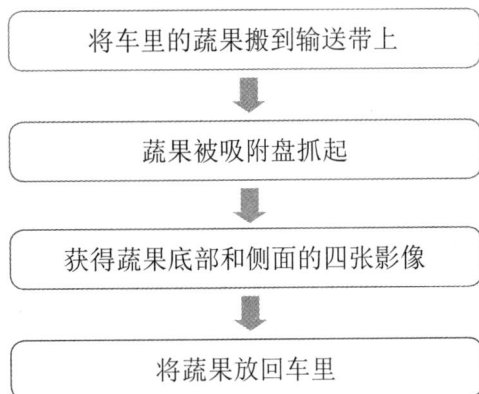

```
┌─────────────────────────────────┐
│      将车里的蔬果搬到输送带上       │
└─────────────────────────────────┘
                ↓
┌─────────────────────────────────┐
│         蔬果被吸附盘抓起           │
└─────────────────────────────────┘
                ↓
┌─────────────────────────────────┐
│     获得蔬果底部和侧面的四张影像     │
└─────────────────────────────────┘
                ↓
┌─────────────────────────────────┐
│          将蔬果放回车里           │
└─────────────────────────────────┘
```

在这一过程中，安装在生产线的摄像机负责蔬果顶端影像的拍摄，而近红外线检测设备负责蔬果甜度等内部质量的检测。对于老版本的机器人，所有的摄像机都位于生产线，很难获得蔬果底部状况，而新版本的机器人不仅满足了底部拍摄，而且可以综合多种信息构成农作物的信息来源，不仅可以向消费者公开产品的安全追溯信息，还能进一步提高品牌度。不仅如此，各项信息在与GIS叠置分析后还能提供作业指导，为生产者带来了极大的方便。

户外载具机器人

户外载具机器人可以帮助拖拉机、插秧机、联合收割机、牧草收割机和高速喷雾机等农业器具自主移动。最近几年，GPS 产品的价位逐渐降低，所以一旦安全性有所保障，生产经营者完全可以按照自己所经营的规模来自由选择机器人。

美国的大型拖拉机配备了辅助操舵装置，不仅可以在较大的田地里直线高速行驶，同时还能在晚上完成工作任务，其准确移动性还避免了很多不必要的浪费，目前该设备商未实现实用化，因为其安全性有待提高。

小型直升飞机也是一种载具机器人，它可以用来喷洒药剂。户外载具机器人一旦成功实用化，会给农业生产带来极大的便利。

畜产机器人

畜产机器人最为典型的代表就是挤奶机器人，这种机器人根据适用范围分为两种：

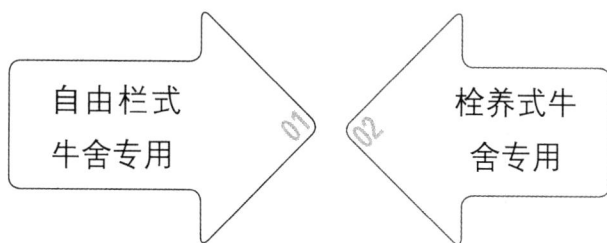

自由栏式牛舍专用　01　02　栓养式牛舍专用

挤奶机器人的一般工作程序为：

洗净并擦干乳房 ➡ 找到乳头位置 ➡ 为机械臂安装挤奶杯挤奶

在找乳头位置时用到了激光、超声波和光遮断传感器技术，在挤出生乳之后还需要检查异常和异物。此外，根据牛奶特性，可以对粗细饲料进行调配，这种喂饲设备现已开发成功，其对喂养肉牛的过程中维他命 A 的摄取起到了重要作用。

剪羊毛机器人也是一种畜产机器人，它节省了人力为控制羊所耗费的大量精力，剪羊毛机器人的工作原理如下：

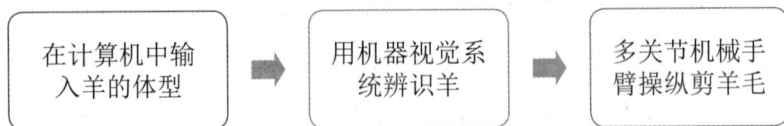

在计算机中输入羊的体型 ➡ 用机器视觉系统辨识羊 ➡ 多关节机械手臂操纵剪羊毛

5. 教育机器人，文化领域的好助理

对于教育机器人，我们可以将其理解为"教育＋机器人"的一种表现形式，它更多是作为媒介和智能载体出现，而非教育内容及方式，教育机器人目前只是处在一个发展很不成熟的初级阶段。

发展状况	更多集中在对于人工智能、深度学习等技术的开发和利用上。
受限因素	当前的软硬件技术、人工智能发展水平以及应用场景。
发展方向	直接开发教育机器人并不适宜，且很容易导致事倍功半。而从智能玩具开始做起，再在智能玩具的基础上实现突破，则相对来说较为容易。

实战案例	很多机器人企业开始将发展重点集中在智能玩具领域，并希望借此实现转型的目标。 ◆ 2015 年 9 月，云端畅游推出"快乐童年"儿童陪护机器人； ◆ 2016 年 1 月，奥飞动漫推出"乐迪"儿童陪护机器人； ◆ 2016 年，鑫益佳旗下巴巴腾推出"小腾"儿童陪护机器人。

近些年来，机器人企业在智能玩具领域做过不少尝试，并取得了一定的成效，智能玩具的"智能水平"也越来越高。美国乔治亚理工学院推出了一款名为"Jill Waston"的人工智能程序，用来在线回复学生提出的问题，而其高度拟人化和智能化的特点，使得很多学生认为它是一名真实的人类。

另外，智能机器人技术在发展的过程中也带来了很多创业和投资机会。其中最为典型的就是早教和 K12（基础教育阶段）。

其实，教育机器人领域是一个需要进行跨界融合、多学科交叉的困难课题，单一领域内的创业者和研究者很难将其开发成功。比如对于互联网、机器人领域的从业者来说，技术要求很容易达到，可是往往会忽略教育的理念和内容本质；而对于教育行业的从业者来说，情况正好反了过来，他们对于教育本质的理解较为清晰，但无法充分利用技术，这就会导致其错过一些有利的技术发展时机。

在上述情况下，我们若想在教育机器人领域有所作为，就要将技术与教育应用进行结合，做到跨领域、多角度的产业整合。一般来说，当技术的积累到达某一程度时，商业化基础就会出现，在此基础上辅以一定的商业发展策略，就很有可能实现跨越式发展。当然，在此过程中产业的本质不容忽略，要按照教育的本质来做教育机器人，这样才更易取得成功。

📢 **教育机器人在早教和 K12 阶段如何应用？**

早教一般是指孩子进行认知学习的早期阶段，教育机器人的定位可以更多集中在内容和服务方面，做内容的载体和教学的辅助。而互联网的出现可以使智能与互联网实现更好的联合，将孩子、家长、教师以及教育机构充分连接起来，并进行有效的互动交流；K12 则更多在于利用机器人技术颠覆传统的教育方式，更多凸显智能化教育的特点。例如，开发与图像识别、机器学习等人工智能技术相关的题库产品，此类产品本身就是一种机器人，只是它不依附于硬件载体而已。

6. 不畏艰险，深入险地的特种机器人

特种机器人听起来很酷，让我们不自觉想到强大的特种兵。实际上，二者完全是两个概念。所谓特种机器人，是指除了工业机器人以外，应用于非制造业领域并为人类提供各种服务的机器人。

中国机器人专家对特种机器人的功能进行了总结归纳：

上天　　如无人侦察机、航天探测器等。

入地 如探查矿藏、救险等。

下海 如深水潜艇等。

登极 如极地考察、极地探险等。

一般来说，我们根据服务的范围和用途对特种机器人进行分类，可以将其分为军用机器人和民用机器人两种。

军用机器人

应用范围	较为广泛，包括无人机、地面机器人、水下机器人等。
作用	在和平时期帮助警察进行排除炸弹、保护治安等任务；在战争时期承担扫雷、攻击以及侦查等军事任务。
发展状况	如今，美国、英国、法国、日本等国家都在致力于军用机器人的开发和研制。

在军用机器人领域，美国是当之无愧的霸主。2000年，美军在波斯尼亚地区进行军事行动时，机器人系统"魔爪"就已经出现，开始执行侦查探测等军事任务，这是美军第一批参战的机器人。此后，如四足机器人"大狗"等相继出现，美国的军用机器人

军用机器人

技术不断取得发展和突破，在同行业中的优势十分明显。

很多专家都曾表示，特种机器人与国家安全密切相关，是国家综合实力的具体体现之一。正因为如此，特种机器人具有十分重要的战略意义，这种战略意义要比其市场价值大得多。而对于特种机器人中的军用机器人来说，其在军事行动、反恐防暴等方面发挥着越来越重要的作用，得到了很多国家的重视。如美国等发达国家更是将其纳入到国家安全发展战略之中。

民用机器人

特点	是特种机器人中的重要种类，并不承担军事任务。
应用	在医疗、消防、娱乐、机器人化机器等方面具有广阔的应用前景。
作用	承担了很多危险、有毒环境下的人类工作（如有核环境数据收集、地震灾害现场救援等）。
意义	对人类社会的发展和稳定起到很大的促进作用。对于保护人类的生命、健康安全，提高现场工作效率，也具有十分重大的意义。

◆弗吉尼亚理工学院设计的 CHARLI-2 消防机器人，可以与人类士兵一起，完成海上战舰上的灭火工作。

此外，用于巡逻放哨和安全保护的智能安保机器人，也成为近些年来业界的研究热点。

◆由中国国防科技大学研究开发的 AnBot 安保机器人，拥有类似人脑和耳目的智能系统和装置，具备自主巡逻、智能检测和声光报警等先进功能。

安保机器人的应用范围很广，也许在不远的未来，类似 AnBot 的安保机器人将会全面代替人类保安的工作，成为遍布商业区、住宅区等人类聚集区的安全护卫者。

7.探索宇宙，开启神秘之旅的太空机器人

太空环境中的未知因素太多，而且由于失重、无空气等因素，很可能会对人类宇航员的健康和生命造成威胁。因此，替代人类宇航员的太空机器人应运而生，成为未来太空探索领域的重要发展方向。下面，我们就从广义和狭义两个角度来分析一下到底什么是太空机器人。

广义
- 一种能够取代人类到宇宙完成某些任务的设备。

狭义
- 一种能够成功挑战或完成各项太空任务的远距离自主或操控型机械系统（一些有"作业功能"或"移动功能"的机械设备也称得上是太空机器人）。

我们根据使用目的和适用场所可以将太空机器人分为三类：

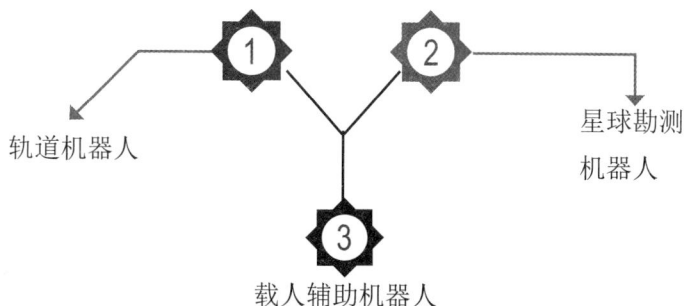

① 轨道机器人

② 星球勘测机器人

③ 载人辅助机器人

轨道机器人

适用范围：国际空间站或其他宇宙飞行器。

作用：处理模块、替换设备、进行实验、抓捕人造卫星。

实际运用：操作手臂系统（架在航天飞机上）、机械臂（用于国际空间站）。

案例

加拿大的机械手臂 SRMS（加拿大机械臂一）、日本的工程试验卫星 -7(ETS-VII) 上的机械手臂、国际空间站上的机械手臂 SSRMS（加拿大机械臂二）、国际空间站日本实验舱"希望号"上的机械手臂。

与此同时，轨道机器人除了建造工作之外，还应该注意运作和保养，这一工程包括：

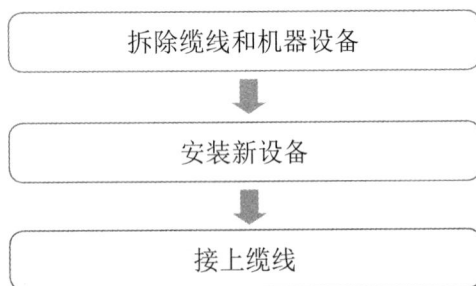

拆除缆线和机器设备

↓

安装新设备

↓

接上缆线

以上工程看似简单，但操作起来极为复杂，因此开发载人太空任务辅助机器人变得极其重要，这种机器人还要发挥宇航员的作业能力。与此同时，太阳能发电卫星较为庞大，对其进行建造和保养时还要考虑成本，因此也少不了太空机器人的帮忙。无论是外层空间还是地球，只要是利用机器人进行的各项执行机器的设备检查、维修和更换工作，都要求该机器人有类似于人类的灵巧性，这种机器人称得上是"轨道精密作业机器人"，是载人太空人物辅助机器人和轨道机器人所升华的模型。

星球勘测机器人

适用范围：星球或星球表面。

作用：完成观测、勘探等各种任务。

实际运用：探测车（Rover）利用轮胎在月球或火星表面移动。

探测车（Rover）

名称	探测位置	国家	年代
月球步行者 Lunokhod	月球	苏联	1970 年、1973 年
阿波罗号月球车 Apollo	月球	美国	1971—1972 年
索杰纳号火星漫游车 Sojourner	火星	美国	1997 年
勇气号火星探测器 Spirit	火星	美国	2004 年
机遇号火星探测器 Opportunity	火星	美国	2004 年
玉兔号月球车	月球	中国	2013 年

2011 年，美国国家航空航天局将移动型科学实验机器人发送至火星，以完成 2030 年火星采样并返回的任务；欧洲和加拿大也在进行 ExoMars 火星探测车开发工作，除此之外，有关太阳系小天体的探测也在火爆发展当中。

载人辅助机器人

定义：取代或帮助宇航员完成有生命危险的任务的机器人。

适用范围：主要为国际空间站。

发展状况：尚且处于研究阶段。

技术：除轨道机器人技术之外，还包括类似宇航员空间移动的技术、类似宇航员灵巧作业的技术、配合宇航员执行任务的技术。

Robonaut 仿人机器人

国际空间站内部的舱内作业单调乏味且耗时较长，即便是高端一点的舱外活动，工作内容也十分单一，所以想要利用机器人来操作就稍微简单一些，但为了使得机器人出现故障时宇航员能及时代替机器人进行操作，必须提前将宇航员和机器人的行为标准进行统一。

从上述分类中我们可以看出，太空机器人已经取得了一定的成就，而且还大有潜力可挖。随着相关技术的发展，它的功能将越发完善，给我们探索太空提供更多的帮助。

8. 别小看云机器人！它们能玩转大数据

在很多人看来，云机器人是一个十分高端的名词，科技感十足，并会因此对其保持莫名的敬畏。其实，它的概念远没有我们想象中的那般复杂。

所谓云机器人，就是指大家很熟悉的云计算与机器人之间的联合。在这个联合中，机器人就像其他的网络终端一样，本身并不需要储存所有的数据信息，也无需拥有十分强大的计算能力，只要在需要时能够连接到目标服务器，同时从服务器中获取有效信息就足够了。

我们如果想对云机器人有一个详细的了解，就要先了解云计算。而云计算又分为狭义云计算和广义云计算两类。

狭义云计算

● 指基于 IT 基础设施上进行使用和交付，并通过按需、易扩展的方法从网络上获取目标资源（平台、硬件和软件）。

广义云计算

● 指在满足服务条件的基础上进行使用和交付，并通过按需、易扩展的方式对所需服务进行获取，此类服务既可以是和 IT 有关的服务，也可以是其他形式的服务。

在狭义云计算概念中，"云"是指供给资源的网络，而在使用者看来，其中所提供的资源是能够无限扩展、随时获取的。使用者在具体的使用过程中可以按需使用和随时扩展，并按照使用情况进行付费。此类特点也被称作对 IT 基础设施像水电一般使用。

总之，我们可以将云计算中的"云"理解为很大的规模。而云计算就是集合所有的计算资源，并通过软件进行自动管理。在这个过程中，不需要人的参与，系统自身就能完成查询和运算。此外，庞大的信息资源和极快的运算速度支持，也使得技术投入的成本得到了大幅下降，并为机器人的普及化创造了一个必要条件。

发展展望

积极展望：

谷歌推出了"护目镜"移动设备，该设备的摄像头在拍摄照片时，系统能够对相关图像信息进行自动识别和相关检索。"护目镜"不禁使我们对未来云机器人的运行模式产生联想：

在一个巨大、集中，而且能够随时更新的云信息库中，系统将迅速搜索到所需信息。与此同时，其他机器人也可以通过云信息库，对自己的能力（如视觉识别）进行更新。这就在无形中降低了机器人的软硬件成本，使其能够在有限的技术条件下，完成大量的信息获取和相关计算。

消极展望：

云机器人的未来发展同样具有隐患，其中安全问题尤为突出。这使我们不禁想到《终结者》系列中控制人类的"天网"。当然，问题并未发展到那般严重的程度，然而云端受到网络攻击的危险性却是真实存在的，而且云端一旦与现实设施相连，其影响将会是极大的。

2010 年，美国和以色列政府运用"超级工厂"蠕虫病毒攻击伊朗核项目的离心机，就给伊朗方面造成了重大损失。如果在未来的某一天，云机器人被广泛应用于重要的社会基础设施领域（如交通运输业），那么一旦出现问题，后果就是灾难性的。这一点需要我们尤为注意，并在发展云机器人的过程中尽量保证网络的安全性。

9. 仿生机器人，它们的形态太逼真

在连续剧《卧底海豚帮》中，电影制作人约翰·唐纳使用了一个鹦鹉螺来追踪海豚们，令大家想不到的是，这只间谍鹦鹉螺居然是一个机器人，在它的眼睛下面竟然隐藏着照相机。其实，除了这只鹦鹉螺机器人之外，还有很多外形像动物的机器人，比如蚂蚁机器人、袋鼠机器人、乌龟机器人、蜂鸟机器人……

这些模仿生物、从事生物特点工作的机器人被称为"仿生机器人"。当前在西方国家中，这种机器宠物十分受欢迎。而这些仿生机器人，也在发挥着意想不到的作用。

◆德国费斯托公司研发出的蚂蚁机器人就是模仿蚂蚁们能够共同协作完成任务的特点研发的。

◆美国国防高级研究计划局的蜂鸟机器人，形象十分逼真，利用其自带的传感器，就可以做好侦查的工作。

别看我们对这些机器人的外形十分熟悉，可是想要模仿制作出来它们并非那么容易。比如蚂蚁虽然大脑小、视力弱，但是却有着很好的导航能力。每当蚂蚁发现可口的食物并回去通知同伴时，会先在大脑里存储上食物的映像，再利用眼前的真实景象和存储在大脑里的食物是否匹配的方法，按照原路返回找到食物。模仿蚂蚁的这一能力，便可以制造出在不熟悉的环境中具备强大探路能力的机器人。

　　纵观仿生机器人的发展历程，目前可以分为四个阶段：

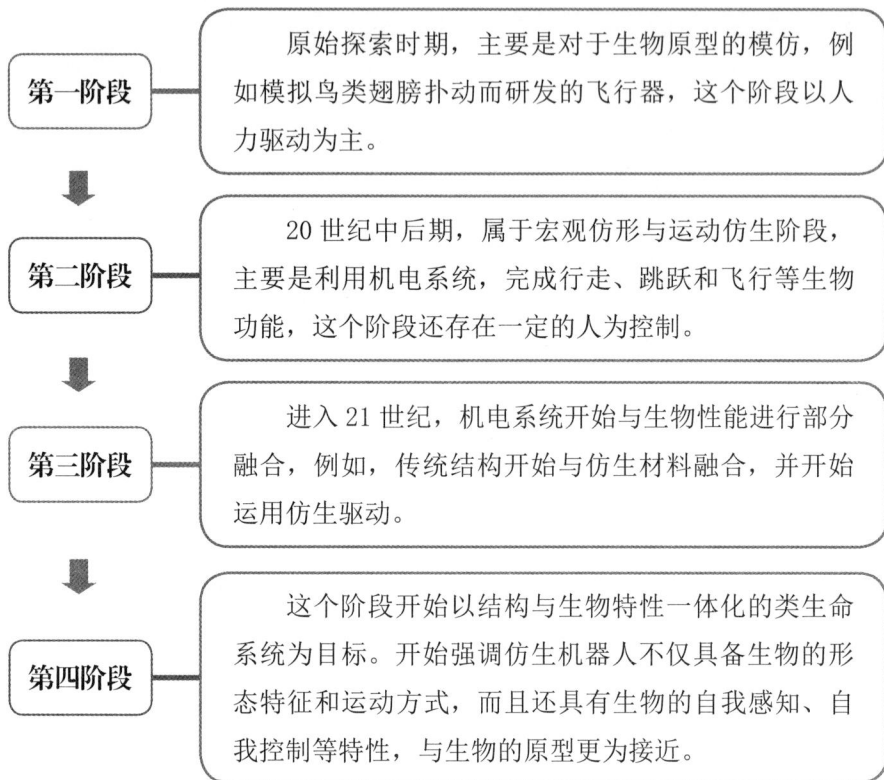

第一阶段 ——
> 　　原始探索时期，主要是对于生物原型的模仿，例如模拟鸟类翅膀扑动而研发的飞行器，这个阶段以人力驱动为主。

第二阶段 ——
> 　　20世纪中后期，属于宏观仿形与运动仿生阶段，主要是利用机电系统，完成行走、跳跃和飞行等生物功能，这个阶段还存在一定的人为控制。

第三阶段 ——
> 　　进入21世纪，机电系统开始与生物性能进行部分融合，例如，传统结构开始与仿生材料融合，并开始运用仿生驱动。

第四阶段 ——
> 　　这个阶段开始以结构与生物特性一体化的类生命系统为目标。开始强调仿生机器人不仅具备生物的形态特征和运动方式，而且还具有生物的自我感知、自我控制等特性，与生物的原型更为接近。

　　仿生机器人的种类繁多，我们常见的主要分为以下三种：

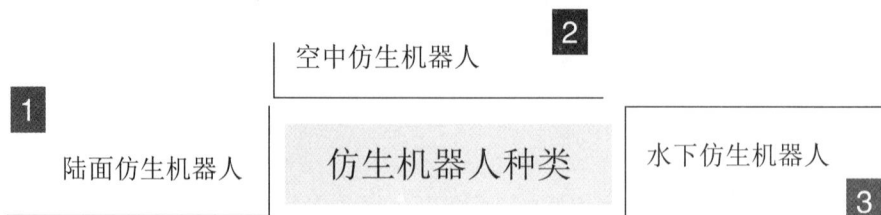

2 空中仿生机器人

1 陆面仿生机器人　　**仿生机器人种类**　　水下仿生机器人 **3**

陆面仿生机器人

原理：根据陆面生物的组织结构和运行方式的不同研发而成。

运动形式	双足运动方式	爬行方式	无足移动方式	跳跃方式
生物举例	人	狗、壁虎	蛇	袋鼠、蝗虫
机器人类型	仿人机器人	仿生多足移动机器人	仿生蛇形机器人	仿生跳跃机器人

空中仿生机器人

参照物	飞鸟、昆虫以及哺乳动物中的蝙蝠等擅长飞行的生物。
特点	体积较小，运动较为灵活。
应用前景	在军事和民用方面有广阔的应用前景。
发展现状	最近几年，美国、加拿大、德国等国家，已经研发出了多种仿生扑翼飞行器。随着科技的不断进步，空中仿生机器人已从单纯模仿昆虫鸟类的运动阶段，逐渐发展为目前的材料结构一体化阶段。后一阶段的特点是：空中仿生机器人不管是从结构材料上，还是从运动方式上，都与飞行生物更为相像。

水下仿生机器人

原理：模仿鱼类的游动。

驱动方式：

最初 利用电机驱动机械系统模仿鱼类尾部的游动来实现移动

现在 采用新型仿生材料和新型仿生驱动方式来实现驱动

推进模式：

应用前景：水下仿生机器人在军事、民用和科研领域有着巨大的应用前景和潜在价值。

到目前为止，水下仿生机器人也正在向材料和结构一体化的柔性驱动方向发展。

10.仿人机器人，最像人的机器人

什么是仿人机器人呢？其实说白了，就是长得像人类的机器人。这是一种集合机械、电子、计算机、传感器、相关材料以及控制技术等诸多专业技术的服务类机器人，它的水平高低往往能够很好地体现出一个国家的高科技技术水平。而在其外形和相关设计上面，则对人类进行了很多模仿，

仿人机器人

具备手、足、躯干、头部等类似人类的相关部位，并在医疗、护理、家庭服务等诸多方面具有广泛的应用前景，与人类的日常生活紧密相关，很容易获得人们情感上的认同。

人类为什么要生产仿人机器人？

人类在建设和改造周边环境时，喜欢以自身条件为考量标准。例如，创造出适合人类居住的房屋、适合人类使用的工具、适合人类吹奏的乐器等。对于仿人机器人的建造，同样依从了人类的这种心理，很多人认为只有生产出与人类体貌特征相近的机器人，才能更好地为人类服务，比如机器人要适合驾驶人类的交通工具、身高体型条件要与人类适宜、可以顺利打开橱子取用各种工具等条件。

仿人机器人构造与各部件功能

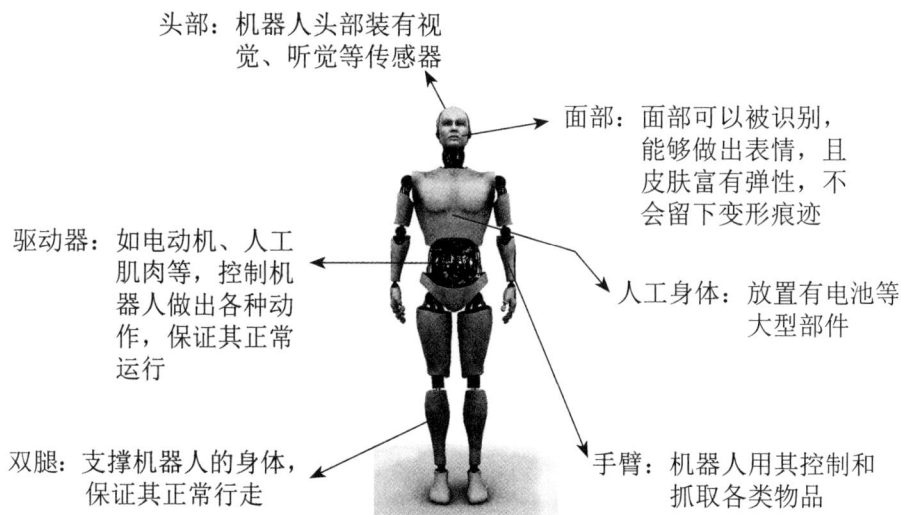

头部：机器人头部装有视觉、听觉等传感器

面部：面部可以被识别，能够做出表情，且皮肤富有弹性，不会留下变形痕迹

驱动器：如电动机、人工肌肉等，控制机器人做出各种动作，保证其正常运行

人工身体：放置有电池等大型部件

双腿：支撑机器人的身体，保证其正常行走

手臂：机器人用其控制和抓取各类物品

在机器人的发展进程当中，仿人机器人受到了人们的高度重视，然而通过机器人技术和人工智能技术的发展现状，我们不难看出，想要创造高智能和高灵活性的仿人机器人非常困难，再加上人类对自身都称不上是完全了解，因此仿人机器人的发展更是阻碍重重。但是即便如此，在专家们的不断探索研究下，仿人机器人领域依然有了不小的突破。下面我们就一起来了解一下那些称得上是明星级别的仿人机器人吧。

◆ Atlas

Atlas 由波士顿动力公司研发而成，其经历了三个大型版本的更新，最新升级的 Atlas 人形机器人于 2016 年 2 月 24 日由波士顿动力公司公开展示出来，称得上是目前为止最先进的人形机器人。Atlas 不仅可以行走和提取物品，还能适应户外恶劣的环境，在未来的搜索救援行动中，它将会发挥出重要的作用。

◆ RoboThespian

作为世上唯一一家研发真人比例大小的商业类人机器人工厂，英国彭林的"工程艺术"（Engineered Arts）公司制造出了名为 RoboThespian 的类人机器人，该机器人属于服务机器人，在公共场合可以与人类进行友好交谈，RoboThespian 会多种语言，可以实现多场合的互动交流活动。

◆ OceanOne

OceanOne 属于一款水下机器人，由斯坦福大学研究开发而成，可以用于大海深处的探索。OceanOne 的两只手设置了力量传感器，可以帮助其感受到物体的存在，并根据所感知的物体的重量而采取适当的放置方案，不至于损坏物体。

◆ Romeo

法国机器人公司 Aldebaran 研发出了一款名为 Romeo 的人形机器人，该机器人高 146cm，重 40kg，有 37 个自由度，主要用于帮助缺乏自理能力的老人。Romeo 可以用来监护老人，只要老人一生病就会及时通知其家属，同时还可以帮助老人或残疾人下楼倒垃圾，帮助老人站起来或行走等。

◆ Petman

Petman 由美国波士顿动力公司研发而成，它是一款可以四处活动的机器人，同时还能自我保持平衡，Petman 的主要作用是帮助美军实验化学防护衣。

◆ Surena 3

Surena 3 由伊朗德黑兰大学研发而成，2008 年推出第一代，2010 年推出第二代，Surena 3 是 2015 年推出的第三代，其高 190cm，重 98kg，不仅可以在不平整的地面行走，还能上下台阶和斜坡，与此同时，Surena 3 还可以抓住物体或踢足球，单脚站立的同时还能向后仰。

◆ ASIMO

ASIMO（日本语：アシモ，罗马音：Ashimo，中文：阿西莫）是由日本本田技研工业株式会社研制而成的仿人机器人，这款机器人能够更加精准地模仿人类的动作，并帮助行动不便的人，ASIMO 不但可以走、跑、上下楼梯，还可以开瓶倒水、踢足球，行动十分灵活。

◆ iCub

iCub 是意大利科学家所研制成功的仿人机器人，萌萌的样子十分可爱，这个机器人由 53 个电机组成，身体的各个关节非常灵活，可以像真人一样活动。同时，还可以用视觉识别人手中的红色球，并能主动抓取。该款机器人是目前世界上最先进的机器人之一，智力水平相当于 4 岁的儿童。

◆ HRP-4C

2009 年 3 月 16 日，日本科学家将 HRP-4C 机器人展示给媒体，该机器人身高约 158cm，体重约 43kg，与日本女孩一般的身高体重基本相同，该机械版黑发美女配备了 30 个马达，不仅可以行走，而且还能做出喜、怒、哀、乐和惊讶等众多表情。除此之外，HRP-4C 能歌善舞，得到了很多名人的称赞，这其中还包括美国总统奥巴马呢。

◆佳佳

机器人佳佳由中国科学技术大学研发而成，它是我国第一台特有体验交互机器人，它不仅长相甜美，而且温婉机智，集人机对话理解、口型和动作躯体匹配，以及面部微表情于一体，其形象和功能十分出色，得到了广大测试用户的认可。

从上述例子中我们可以看出，对比于其他种类的机器人，仿人机器人在灵活性和适应性等方面具有明显优势，能够满足协同或代替人类工作的需求。

那么，仿人机器人产业在其发展过程中都体现出了哪些特点呢？

1. 市场潜力巨大

仿人机器人在世界范围内的市场潜力巨大。据专家预计，到 2025 年的时候，世界医疗、家庭服务、商业服务等种类的机器人将会得到大规模应用，而其潜在价值和相关经济影响将达到 1.1 万亿到 3.3 万亿美元之间，从而产生无比巨大的社会经济效应。

基于此种认知，很多发达国家都提高了对仿人机器人的重视程度，并制定了很多与机器人有关的发展战略。例如，日本在 2015 年 1 月发布的《机器人新战略》；韩国在 2014 年 8 月制定实施了第二个智能机器人开发五年计划，并发布了一系列有关机器人的发展计划和方略，如《智能机器人促进法》《智能机器人基本计划》《服务机器人产业发展战略》等。这些情况无不表明发达国家对于仿生机器人产业的重视和看好。

2. 新产品不断涌现

目前有很多国家都在进行仿人机器人的研发工作，如美国、中国、日本、韩国等，并在各自的开发过程中，生产出一系列功能各异的仿人机器人。

◆中国研发的汇童机器人，能够进行武术表演。

◆日本本田公司研发的 ASIMO，能够开瓶倒酒和上下楼梯。

◆美国宇航局开发的 Valkyrie（女武神），能够从事各种太空探索任务。

这些机器人已经初步实现了产业化，但是在应用领域则具有较大的局限性。其主要定位还是在于商业领域的代言人或公共场合的文化宣传标志等方面。

虽然仿人机器人具有较为广阔的市场前景，而且不断有新的产品问世，但从目前来看，仿人机器人仍旧存在一些尚未解决的问题。

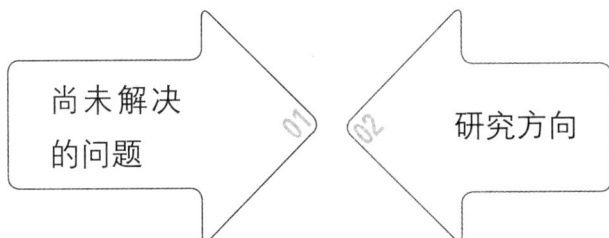

尚未解决
的问题 01 02 研究方向

1. 尚未解决的问题

目前，仿人机器人所面临的最大问题之一与电池有关。换句话说，仿人机器人想要连接电源线行走是很难实现的，而机器人又是靠腿来支撑自己，因此想要搭载大量的电池也不太可能实现。加之电池容量的局限性，机器人活动几个小时之后就必须马上充电。这时可能有人会问，不是有自主充电的机器人吗？ ASIMO 在电量低到一定程度时不是会自己走到充电站充电吗？事虽如此，但想要使得机器人应用范围有所扩大，设法提高活动时间是一项必要的课题。除此之外，对于那些类似人类体重身高的机器人来说，由于重心相对较高，出现跌倒是很正常的现象，那么，机器人的耐故障性和安全性也是急需解决的问题。

2. 研究方向

仿人机器人的研究流程分为以下两种：

◆科学角度

| 理解人类和人类智能 | 制作类人体人工系统 | | 让机器人学习人类技能 | 根据自己与环境的相互作用探索科学发展过程 |

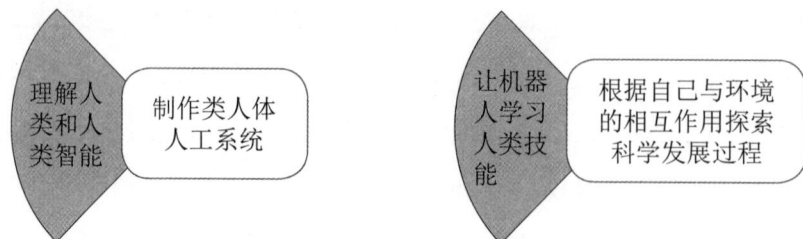

目前状况：相关人士正在利用婴幼儿大小的机器人进行研究。

◆工程学角度

制造出对人类有帮助且通用型的机器人。

需解决的问题：让机器人在不平的路面稳步前行，在充分认识环境的前提下制定好行动计划。

目前状况：相关专家正在利用云端运算实验。

从目前来看，全世界仿人机器人产业基本处于初级研发阶段，虽已初步实现了产业化，但其潜力并未得到充分的发挥。这对于中国来说是一个很好的发展机遇，我们需要抓住这一有利契机，发布更多的机器人发展方略，加强技术支持环节与相关人才储备，进而在潜力无穷的仿生机器人市场中抢得先机。

11. 社会化：机器人衍生技术的多方应用

在机器人浪潮席卷而来的今天，很多国家都十分重视机器人技术在社会各个领域中的应用，而人们对于智能化生活的需求也从侧面促使机器人技术的快速发展。接下来，我们就来看几种发展潜力巨大的机器人技术吧。

情感互动技术

一般来说，人们制造机器人是为了令其帮助人们进行特定领域的工作，情感交流似乎没有必要。然而谁都不能否定的是，当机器人能够更好地理解我们的表情和情感诉求，并做出具有针对性的回应时，往往会使我们得到心理和情感上的极大满足。基于人们的此类需求，机器人领域的专家和学者进行了大量的研究和开发工作，并取得了一定的成果。

情感互动技术真的可以使机器人完全像人类一样表情自如吗？

目前，情感互动技术存在一定的局限性。它在对表情和动作进行识别时，只能分辨出一些简单化的东西，并做出固定的回应，离真实的情感交互还有相当长的距离。但是随着人机交互技术的不断发展，人机交流方式将会变得越来越拟人化和多样化，这一点值得我们期待。

东南大学机器人传感控制实验室就制作出了一个具有"情感交互"功能的机器人。这个机器人可以提取人类的表情细节（眼睛、嘴部等部位的数据信号），并据此判断出人们的真实情感（愤怒、忧伤等），然后通过模拟将此类表情表现出来。此外，该机器人还能够通过感觉和触觉的不同，做出不同的反应。例如，人类在抚摸它时，它就会笑；而人类在挤压或击打它时，它就会表现得很伤心。

软体机器人控制技术

在我们的印象中，机器人一般都是钢铁和坚硬的代名词，就好像电影《变形金刚》中的机器人那样，高大威猛，一身的钢筋铁骨。然而，凡事总有例外，美国普渡大学开发出一种软体机器人，就颠覆了我们的传统认知。

软体机器人控制技术的应用前景怎么样？

这种软体机器人由轻质惰性泡沫材料所制，材料表面还被镀上了一层聚合物纤维"外衣"，这种结构不但保证了机器人能够如机器手臂那样自由弯曲，而且使其在受热情况下，能够随时改变形态和坚硬程度，就像依附在骨骼上的肌肉一样。

软体机器人技术因为成本低、重量轻的优势，应用范围十分广泛，除了飞行机器人外，还有太空领域的探索机器人、医疗领域的骨折病人外固定支架等，都将引入此类技术。如果此类情况真正得以实现，将有利于减少太空发射成本，减轻患者的经济负担。

液态金属控制技术

很多人都看过施瓦辛格的《终结者2》，并对电影里面可随时变化形态、修复损伤的液体机器人 T-1000 抱有浓厚兴趣。实际上，在机器人技术飞速发展的现在，液体机器人已经不再等同于幻想，它正在逐步演变为事实。

美国北卡罗来纳州的一个科研团队开发出一种变形液态金属，这种金属具有自我修复的功能。在不受外力的时候，它会在平台的桌面上保持圆球形状，而经过电流刺激后，它就会在桌面上进行伸展变化。人们可以通过改变电压大小，来对它的张力和粘度进行调整，使其变化成不同的形状。

📢 **液体金属控制技术还有哪些应用方向？**

液态金属除了被用来制作机器人，还可以被应用到医疗领域，帮助患者修复被切断的神经，从而改变长期残疾的情况。而随着此类技术的不断发展，其应用的范围也在不断扩大。也许有一天，我们真的会看到电影里面的 T-1000 机器人出现在这个世界上。

生物行走技术

你能想象机器人可以像人一样自由行走吗？目前，某些专家已经开始从事此类研究，并取得了一定的成果。这种生物行走技术的出现，使机器人开始与生物科学进行接轨，模仿生物行走的"生物机器人"已经站在了我们面前。

美国伊利诺伊大学厄本那香槟分校的研究小组研制出一款奇特的"生物机器人"。这种机器人受到自然肌腱骨骼的启发，主体材料是由 3D 打印技术生成的水凝胶和活细胞，此类材质可以满足生物结构的要求，也能够使机器人像人类关节那样弯曲。此外，"生物机器人"的行走速度受到电脉冲频率控制，当频率升高时，人工肌肉的收缩就会加快，"生物机器人"的速度也会得到相应的提升。

📢 **生物行走技术的应用前景如何？**

除了模仿生物行走之外，生物行走技术还有很多其他的应用途径。比如应用在医疗领域，帮助行走不便的患者恢复行走能力；通过制造对光和化学物质较为敏感的生物器，使机器人完成探索矿藏、救助受困人员等任务。这些都是生物行走技术的重要发展方向。

透视技术

我们应该听说过"透视眼"，这是一种十分神奇的能力，可以透过障碍看穿隐藏的事物。而现在，机器人就已经拥有了这种功能。

透视技术的应用价值体现在哪些方面？

> 通过对无线信号的监测，透视机器人能够绘制出一种特殊的"透视地图"，其误差将被控制在 5 厘米之内。此项技术的发展和成熟将会为无人控制机器人赋予一些新的能力，例如，地震、泥石流等灾害后的搜救类能力，探测考古遗址的能力等。

美国加州大学的研究小组开发出一款具有"透视"功能的机器人。这种透视能力是通过两台机器人的共同协作完成的。其中一台机器人负责释放出无线信号，而另一台机器人则负责接收信号并借此探测信号的强度。在这一过程中，通过对信号强度变化的探测，机器人就可以感知到障碍物后面的物体。这种技术可以用来找寻困在建筑物中的人，或者监测留在家中的老人，从而避免意外的发生。

敏感触控技术

人类有一双敏感且灵活的手，可以轻松完成很多高难度的动作，这也是以往人类面对机器人时的重要优势。然而随着技术的发展，比人类的双手更加灵活的"机器手"已经出现，它具有比人类的双手更加强大的功能。

美国麻省理工学院与波士顿东北大学的联合研究小组，开发出一款比人类的手指更为灵活的触觉传感器 GelSight。这是一种通过 3D 视觉对物体进行实时定位和识别传感的机器技术，内部包含了黄色、红色、蓝色、白色等各种照明设备，能够根据不同的指示信号（各种颜色光芒）立刻做出相应的反应，从而避免了机器辨识所引发的不灵活性。

敏感触控技术的强大之处在哪？

以 GelSight 为代表的敏感触控技术具有十分强大的功能，其灵敏程度甚至达到了人类的 100 倍左右。它可以在极短的时间内对物体的视觉信号进行识别，并立刻将其转变为触觉信号，以此完成一些高难度的动作。例如，GelSight 就可以很容易地拔下插在 PC 机上的优盘，而此类动作对于之前的机器来说，是无法做到的。

机器人用可伸缩电线

在机器人技术的发展过程中，电线问题始终是一个无法忽视的制约问题。易松弛和缠绕的电线很容易导致机器人在行动过程中出现短路或其他故障。而可伸缩电线的出现则为此类问题提供了一个很好的解决途径。

日本化学企业旭化成宣布即将出售一种可伸缩的电线。这种电线是由聚氨酯纤维材料制成的，具有很强的弹性，而可通电的导线则在聚氨酯纤维材料内部呈螺旋状嵌入，同样具有不弱的伸缩性。这就使得机器人内部电线的自由变形成为可能。而这种特性又保证了该技术将在动作复杂的拟人机器人和穿戴性辅助机器人领域中得到广泛应用。

机器人用可伸缩电线带来哪些改变？

机器人用可伸缩电线在拉伸时能够使电线长度达到原本的 1.4 倍，而其在不断弯曲乃至断线的耐久性能上面，也将达到之前同类产品的 10 ～ 100 倍，能够使机器人较易完成拟人化动作的合理布线。除了拟人机器人领域，这种技术还将在需要弯曲电线的工业机器人、精密机械等领域得到广泛应用，在极大程度上解决上述领域在电线方面的技术性难题。

自行组队技术

我们应该看到过电影中密密麻麻、令行禁止的机器人大军，并深为这种现象感到惊叹。而在现实生活中，一些专家也开始研究集体活动的机器人，并在机器人自行组队且完成特定目标方面取得了一定的成绩。

哈佛大学的研究团队研制出 1000 只形态相同的小机器人，并使它们组成了一个团队系统。在系统中，小机器人们拥有多套不同的算法，根据这些算法，它们可以通过移动摆出各种队列形状。这种现象很像是自然界中的蜂群活动。

📢 **自行组队技术的强大之处在哪？**

机器人自行组队技术的发展还很不完善，比如在组队活动中，如果面临噪音、复杂的移动环境等可变性因素时，就会出现活动失败等不良现象。此外，缺乏对所有小机器人的全局控制算法也是一个重要缺陷，这很容易导致组队活动缺乏协调性和整体性，并很难使此类技术执行对人类有益的实际工作。

造房机器人

你能想象出机器人可以快速、高效地创建出一间房屋吗？听起来似乎很不可思议，但是一款名为 Minibuilders 的建筑机器人却将这种不可能变成了现实。

Minibuilders 机器人是一组具备 3D 打印建筑材料功能的机器人套件，它能够通过 3D 打印技术，像建筑工人一样生产出一套完整的房屋。而其工作原理就是逐层浇筑的方法，将流体建筑材料层层累积，并最终完成建筑工作。在 Minibuilders 机器人的工作过程中，开发团队成员担任的是一种类似"包工头"的角色，他们通过对相关领域建筑资源的收集和配置，达到最终的建设目的。

📢 造房机器人的强大之处在哪？

就像建造传统的住房那样，造房机器人具有很多功能各异的组成部分。如负责打地基的地基机器人；连接地基与相关建筑材料的抓握机器人等。而对于抓握机器人来说，其配备的加热器能够使材料更快干燥固化，并变得十分坚硬。这将为建筑物在水平方向的扩展，以及机器人配置重量较大的屋顶和悬臂结构提供重要的支持。

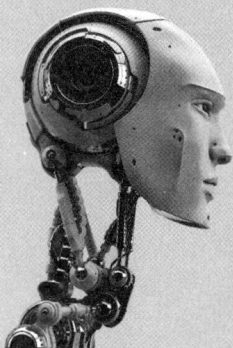

奇点危机：
被机器人颠覆的人类世界

雷·库兹韦尔在其著作《奇点临近》中指出："随着纳米和生物等技术呈几何级数加速发展，未来20年中人类的智能将会大幅提高，人类的未来也会发生根本性重塑。在'奇点'到来之际，机器将能通过人工智能进行自我完善，超越人类，从而开启一个新的时代。"

这个理论是否正确我们暂且不论，因为其涉及的毕竟是还未发生的事。但是对于人类社会来讲，机器人技术的快速发展确实带来了一些明显的变化，很多固有的产业结构都受到了机器人技术的强烈冲击。从这个角度上说，人类社会确实是被机器人改变和颠覆着。

1. 虚假繁荣：常态观察下的严重危机

机器人时代的到来使得不同种类的机器人逐渐融入到各行各业，为各行业的发展带来了天翻地覆的改变，其中最为显著的就是制造业。

在前面的章节中，我们已经介绍过，2015 年，全球工业机器人销售了 24 万多台，同比增长 8%。从 2006 年到 2015 年，全球工业机器人销量年均增长速度约 14%。

从上述情况来看，机器人为工业制造业带来了极大的利润，但从现实角度出发，机器人的普及和发展也给人类带来了巨大的生存危机。最直接的表现就是，很多产业工人开始失去他们赖以为生的工作，而这些工作却逐渐被没有消费需求的机器人所取代。当该趋势不断发展下去，并达到一定的程度之后，就会对整个社会经济造成不可忽视的负面影响。

📢 机器人是如何对整个社会经济造成负面影响的？

回答这个问题我们首先要从"需求"的本质谈起。从经济学上讲，"需求"是人们针对某种产品或服务的需要，支撑其产生的要素是购买者的支付能力和相关意愿，而创造对产品或服务最终需求的实体其实只有两种，那就是个人与政府。其中个人的购买需求往往占据优势，换成我们理解的话来讲，这就是"屌丝"的力量。然而问题来了，对于几乎所有的个人消费者，支持其进行购买行为的主体就是就业收入。当机器人大量侵占人类的工作时，个体的消费能力将会不可避免地下降，而产品的产量反倒会因为自动化的缘故得以提升。这将导致一个严重的后果：产品大量堆积卖不出去，大量的企业因此而陷入困境，甚至破产。

也许有人认为企业也可以充当消费者，用来购置机械生产出的大量产品。但是我们不能忽略一个事实，那就是企业购买产品的最终目的还是为了面向消费者，尽管这个过程可能是间接的。

一个生产汽车零部件的企业面向的客户多为汽车组装公司，但是汽车组装公司之所以购买零部件，还是为了将其组装成汽车之后卖给消费者，而当消费者购买能力下降时，汽车组装公司出于利益和成本考虑，将不再购买或减少购买零部件，最终导致生产汽车零部件的企业陷入经营上的困境。

上述案例所显示的，就是个体消费者消费能力降低导致的恶果。

而对于实现自动化的企业来说，自动化过高导致的后果同样不那么美好。因为工人同样是一名消费者：

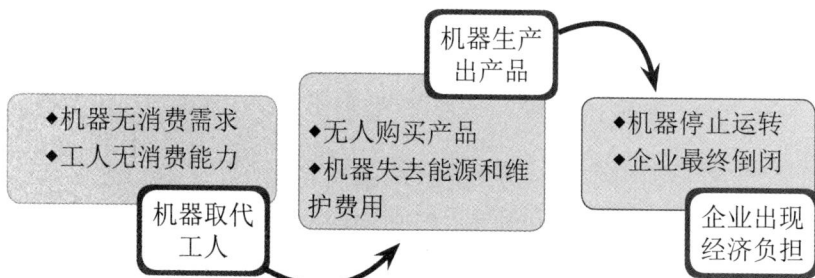

所以，机器人浪潮下的经济危机不容忽视，这种导致消费者大量失业的重要倾向，会破坏目前尚属稳定的消费架构，并引发一连串的连锁反应，影响市场经济的蓬勃发展。当然，此种情况还可能会导致一种现象产生，那就是财富和购买能力向某一类个体或群体转移，例如出现高科技垄断公司、金融寡头等，尽管他们掌握了大量的财富，但是对于整个市场经济来说却是杯水车薪。我们可以想象一个富豪购买十辆甚至几十辆汽车，但是他却不可能购买几千辆汽车，即使他有足够的经济实力也是如此。而面向大众的众多产业，如医疗保健、消费电子、电信服务等，都会因此陷入窘境，甚至是彻底垮败。

2. 工业变革：自动化会摧毁传统制造业吗

正如上文所讲，大量工业机器人开始出现在现代工厂，并承担起工人的角色。这些机器人不但在很大程度上替代了工人的工作，而且不需要工资和休假，因此得到了很多工厂主的青睐，自动化也开始成为制造业工厂的重点发展方向。然而在这种情势下，我们不禁产生疑问：如果放任上述状态发展下去，人类会迎来"工业机器人革命"吗？或者换句话说，自动化会彻底摧毁传统制造业吗？

实际上，人们对于自动化和工业机器人的关注由来已久，很多人认为机器人拥有人类不具备的优势，并希望在制造业彻底实现自动化。

◆富士康创始人郭台铭曾表示"人要呼吸，机器不要"，旗帜鲜明地表达了对自动化的支持观点。

但是，这也为我们带来一个新的疑问，或者说担忧，那就是随着自动化水平越来越高，以及工业机器人的应用越发普遍，会不会引起制造业的大失业现象，从而造成严重的社会问题？而在科技较为发达、劳动力成本较高的发达国家和地区，如美国、英国、日本，以及中国的珠三角地区和长三角地区，此类问题担忧尤甚。

📢 **工业机器人是否真的如人们担忧的那样，能够彻底取代产业工人呢？**

就目前形势来看，工业机器人想要彻底取代产业工人是不太可能的，最起码在短时间内不可能实现。原因其实很简单，工业机器人在前期投入、柔性化手工操作以及空间灵活性等领域明显不如产业工人，而这些领域恰恰是制造业不可或缺的重要方面，因此机器人在短期内是无法彻底取代工人的。

其实，工业机器人的大发展只是推动了机器对体力劳动的部分取代进程，其意义更多在于提高工业生产效率，解决以往工业生产模式下产品多样性与成本的固有冲突，从而使制造业不断优化创新。而在这种情况下，生产关系必然会产生深刻的变革，产业工人在工业生产中的地位也需要重新界定，但这并不意味着产业工人必然会大规模失业，相反，自动化浪潮对于工人们来说，可能是挑战，但更有可能是机遇。

从历史上发生过的两次工业革命来看，机器使用的意义更多在于解放生产力，将人类从某种体力劳动中解放出来，做一些更需要创造性的工作。在这种时候，可能会引发某个行业或区域的结构性失业，但是大量的失业却并未出现过，反而会因为技术和产业的发展，出现更多新的就业岗位。

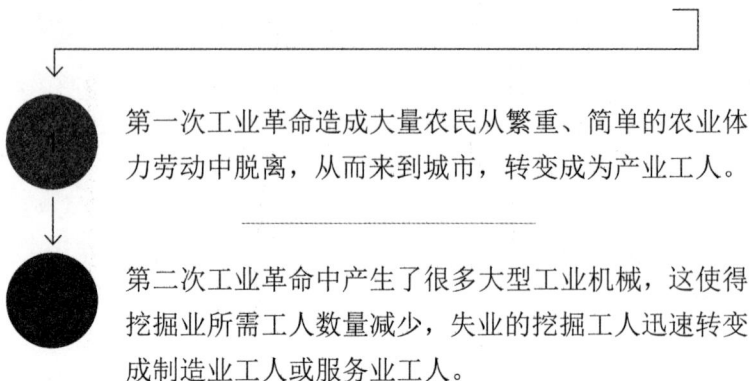

● 第一次工业革命造成大量农民从繁重、简单的农业体力劳动中脱离，从而来到城市，转变成为产业工人。

● 第二次工业革命中产生了很多大型工业机械，这使得挖掘业所需工人数量减少，失业的挖掘工人迅速转变成制造业工人或服务业工人。

　　这些情况无不说明一个道理，那就是面对机械化改革浪潮，某些岗位被机械替代是完全有可能的，但这并不意味着该岗位的从业人员死路一条，反而往往意味着新机会的出现。中国在近十年的时间内，从事 IT 服务业的人数增加了近一倍，房地产业人数增加了 1.3 倍左右。在这些就业人士中，有很大一部分来自于其他行业，可谓一种现实版本的就业人口转移。此外，在一些劳动力占有较大优势的领域，人工与机器人的替代关系并不明显，其中工业机器人在具有高重复性、高强度和高精度操作方面具有优势，而工人则在要求柔性化和灵活性的领域中具有优势，两者间更多的是一种合作的关系。

　　◆富士康的创始人郭台铭一再强调"无人工厂"，但实际情况却是富士康仍然在大量雇佣工人，在手机组装方面进行流水线操作。

　　这种做法其实不难理解，因为手机中具有几百个微小的零部件，而手机机体却只有四五寸大，对于如此细致化的工作，机器人在相当长的一段时间内是根本无法完成的。

　　当然，工业机器人浪潮已然来袭，这是不可忽视的事实。它的到来也必将对现有的制造业造成很大的冲击。但是，这却并不意味着制造业的末日来临，而是一轮全新的产业竞争和产业转型即将展开，产业工人甚至是整个制造产业都将在浪潮中完成全新的转型。在这种时候，谁能够顺应形势，更好地完成人工与机器人的融合，谁就能借此提高产业竞争力，创造出更大的经济效益。

3. 引爆点：大幅降低的劳力密集度

随着人工智能和机器人技术的不断进步，很多领域都开始了智能化的进程。而在制造业领域，工业机器人取代工人上岗，便成为了一件极可能发生的事情。实际上，机器人已经在一些制造业岗位上完成了就业，并取代了部分工人的工作。但是，这种情况却引发了工人们的忧虑，他们都在关心一件事：如果机器人真的上岗了，我们该怎么办，等着挨饿吗？

机器人上岗后降低了劳力密集度

不可否认，智能机器人的应用对于传统工业来说，是一次颠覆性的变革，它改变了以往低效率的生产模式，推动了整个产业的进步。而在高效率的智能化工作模式中，机器人既可以高效完成人力承担的工作，又可以有效排除安全隐患（如在化学危险品仓库工作），减少了工人出现危险情况的可能。德国对此提出了一个著名的概念，那就是"工业4.0"，具体解释是第四次工业革命。这种说法已经得到了很多业界人士的承认，因为智能机器人的出现确实是一次解放生产力的革命，而对于未来可能实现的全自动化和全智能化，无疑将会给制造业创造出令人惊叹的生产效率和生产量。

当然，事物的发展都具有两面性。对于制造业来说，智能机器人的上岗可以提高工作效率，可以降低经营成本和带来更多的科技创新成果，使产品和服务变得更加多样化，但是与此同时，它同样会令相当一部分工人失去工作。在这些工人不具备其他专业技能，或是新的工作没有出现之前，就很容易造成剩余劳动力无法安置的问题。

剩余劳动力通过产业的调整完成再就业

其实，工人们没有必要对智能化谈虎色变，因为人的存在总是具有价值的，即使是一时间无法找到新的定位，也并不意味着没有价值，而是没有发现价值罢了。

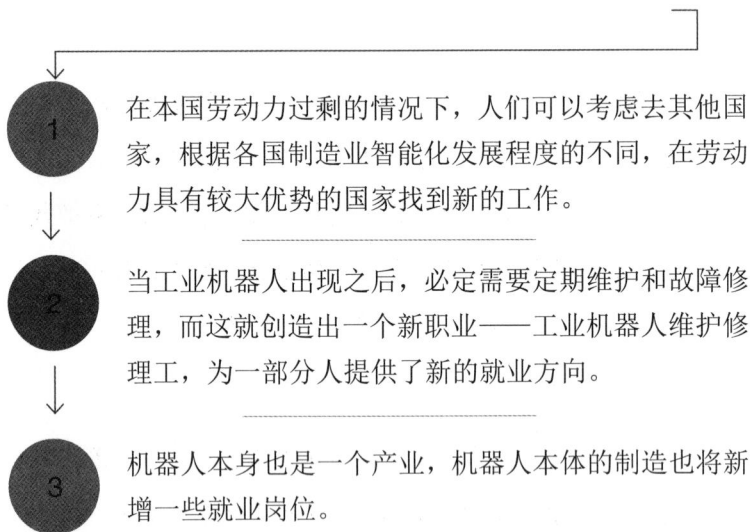

1 在本国劳动力过剩的情况下，人们可以考虑去其他国家，根据各国制造业智能化发展程度的不同，在劳动力具有较大优势的国家找到新的工作。

2 当工业机器人出现之后，必定需要定期维护和故障修理，而这就创造出一个新职业——工业机器人维护修理工，为一部分人提供了新的就业方向。

3 机器人本身也是一个产业，机器人本体的制造也将新增一些就业岗位。

此外，随着产业的调整，细化领域的新工作也不能忽视。

新近产业划分为：

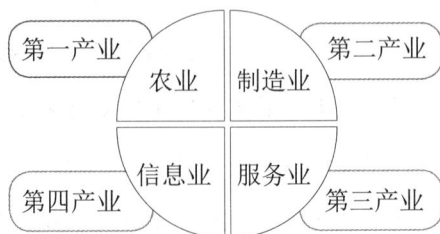

第一产业　农业　制造业　第二产业

第四产业　信息业　服务业　第三产业

以上产业划分是一种产业细分，其中信息产业是从前三大产业中细分出来的，原来并没有这种划分法。

日本对信息产业进行了进一步划分，如右图所示。

随着时代的发展和产业的进步，这种细分还将持续下去，而且其最终目的还是为了服务人类。这就为剩余劳动力的再就业创造了无限的可能。

01 通信处理产业

02 计算机制造产业

03 设备管理业

信息产业

在智能机器人越加普及的今天，劳动力密集度必然会呈现出下降趋势。但是这种情况的发生并不意味着大量工人的失业，而是一种再就业风潮的兴起。如果我们能在智能化的浪潮中做好知识和心理上的双重准备，在产业的变化中寻找到适合自己的新方向，就可以掌握自身的命运，实现自我的全新转型与快速发展！

4. 信不信？令白领失业的人工智能

在上面的章节中，我们谈了很多关于智能机器人对制造业领域的影响。根据这些论述，我们基本可以肯定，一部分产业工人的工作将被机器取代，从而产生一系列的连锁反应。但是我们是否想过，除了制造业之外，对于那些较为高级的白领工作，智能化又会为其带来哪些影响呢？

很多人认为，在经过一段时间之后，交易员、分析师以及其他一些产业的雇员，将会被机器取代，而其中尤以金融业为最。这是因为通过人工智能的算法和大型数据池的使用，可以帮助金融行业的诸多领域实现自动化，从而起到替代人工的作用。

> 根据牛津大学的调查预测显示，自动化系统将取代美国 47% 的工作。而在这些被取代的工作里面，包括了财务顾问、不动产经纪人、个人助理等白领工作。

另外，法律行业也是被人工智能取代的重点领域之一。

懂得法律的人都知道，法律条文讲求逻辑的严谨性和规则的清晰性，几乎所有案件的信息都是透明的，法律行业的从业者能够在清晰的规则条件下做出准确的判断，而这些特征正好符合人工智能的逻辑运算特点。除此之外，庞大的、可供随时搜索运用的法律数据库，更使人工智能系统成为无人可比的"法律专家"。这也使得人工智能系统在法律领域占据了绝对的优势。

> 法学家冯象教授在一次谈话中表示，人工智能很可能在法律领域得到广泛应用，其直接原因就是法律的性质与人工智能算法的契合性。

而在稿件编辑方面，人工智能的作用也同样不容小觑。

> 谷歌的人工智能系统能够在阅读过很多本小说的基础上，分析判断语句的含义，从而达到自己写小说的目的。

> 新华社推出的"快笔小新"机器人写稿项目，只需要一定量的数据支持，就可以进行独立的计算撰稿。例如，将一只股票的代码输入，"快笔小新"就可以瞬间完成有关这只股票的财务分析报告。此外，"快笔小新"还可以在数据出现大幅波动时进行预警，并生成与之对应的相关标题等信息。

最令人感觉不可思议的是在艺术领域，机器已经在尝试对不同的艺术风格进行理解，从而介入到文艺作品之中。

德国弗赖堡大学的研究团队，就通过智能算法在各类艺术作品中提取风格，其中甚至包含了蒙克、梵高、毕加索等大师的艺术风格。然后将这些东西应用到不同的影视作品之中。

从上述现象中我们不难看出，机器人和人工智能已经开始扩展到社会的各个领域，并对很多白领职业造成了强大的冲击。对于此种现象，我们不用太过乐观，也不用太过悲观。正如微软创始人比尔·盖茨讲的那样："我们总是高估未来两年内将发生的变化和低估未来十年内将发生的变化。"对于白领职业来说，人工智能造成威胁的可能虽然已经出现，但是若想真正实现还需要一段为期不短的时间。在这期间，我们需要做到的就是顺应新形势的变化，并试着在变化中寻找到可供选择和转型的全新机会。

5.爆炸科技来临，平等社会能否犹存

一位人工智能领域的专家在他所撰写的一份长达 300 页的专业分析报告中，表达了一个重要的观点，那就是机器人和人工智能技术将会深入到社会的各个领域，并成为人类日常生活中不可缺少的重要部分。当然，前面我们不断地提到，科技的大发展可能会导致大量人员失去工作，而失业的重点人群则集中在底层的收入阶级之中。

那么，对于整个市场和相关行业而言，这种趋势又将带来何种变化呢？

◆根据美国银行的研究报告预测，到 2020 年时，机器人和人工智能将在世界市场中占据 1527 亿美元的份额，而相关技术的使用和发展，将会促使某些行业的产能得以提高，其幅度大约为 30% 左右。其中很多行业都在享受着自动化技术带来的高效率与低成本。

◆在日本汽车制造业中，机器人已经可以连续 30 天不间断工作，在这个过程中甚至不需要任何人员的监督。

◆离岸外包制造业则利用机器人取代工人，缩减了高达 90% 的成本支出。这些举措无疑会为它们带来更高的利润与更快的发展速度。

忧虑一：贫富差距加大

一方面是中低收入阶层失去赖以为生的工作，而另一方面则是很多企业充分享受技术带来的便利，获得更好的发展条件，甚至是出现某些在相关领域中

达到垄断条件的科技巨头。在这种富者越富、穷者越穷的局面下，贫富差距将会不断拉大，经济上的不平等现象将会越发严重，进而引发整个社会的动荡。

忧虑二：智力差距加大

以围棋领域的"阿尔法狗"为例，它是由一群围棋高手和一群编程天才共同创造出来的。可以说"阿尔法狗"通过集合不同领域的顶尖智慧，成为围棋领域的机器高手，之后则通过不断复制，达到占领围棋领域的目的。这种情况同样适用于其他领域，就是通过不同行业间精英的聚集，生产出某领域的人工智能，然后不断复制，彻底占领该领域。人的智力是有差异的，而这种聚集模式将会无限拉大此类差异，造成智力上的严重不平等。毕竟再聪明的个人，也无法与大量精英之间的联合智慧相媲美，技术型人才联合在一起，掌握了大量的财富和话语权。

当然，这种局面现在并未出现，但它却值得我们警觉，因为当少数人真正实现科技垄断目标的时候，社会的不平等时代就会真正到来！

6. 消费衰退！经济恶果不容忽视

本书在不少章节中表达了类似观点：技术的进步将会带来就业率的下降，而就业率的下降直接会造成消费衰退！

失业率激增 ➡ 消费需求下降 ➡ 创新停滞

这种情况对于现有的消费市场来说是一个重大的打击，而且将会破坏掉持续繁荣的市场未来。

　　◆消费需求下降的原因在于收入水平的下降和机器人取代部分劳动者的现实。

　　◆创新停滞是由于消费需求下降的局面引起的，是一种连带效应。毕竟在没有市场和经济利益刺激的情况下，创新的动机很难存在。

消费需求下降导致创新停滞

大家普遍认为创新想法诞生于个人或团队，但是如果溯本归源，我们就会发现，创新的最终动机还是来自于消费市场，只有有利于市场售卖，并获得消费者认可的创新想法，才能最终取得成功。而当消费需求下降，产品囤积现象加重时，即使是再好的创新想法也无法取得应有的效果，因为消费者此时根本不具备购买的能力。长此以往，创新就会因为无利可图，而出现停滞不前的局面。

消费需求下降导致市场进入恶性循环

在消费市场持续低迷的情况下，很多企业出于成本和经营上的考虑，将会改变以往开拓市场的发展战略，而是将经营重点放在节省开支、降低成本上面。这时，即使是有限的投资和创新，也将主要出现在去除工人劳动或减少技能化领域，而对于基础性的、能够提高人类生活质量的创新，会越来越少。如此下去，等于是陷入到一个永无止境的恶性循环之中。

当然，以上局面只是对于未来发展的某种预测，它还没有真正实现。但是我们应该对其保持足够的警惕。因为当此种预测真正发生时，失业率飙升和收入不平等加剧等现象将会依次出现，从而对整个社会经济造成严重的破坏效果。

7. 控制人类贪欲，不然机械会失衡

百度 The BIG Talk 第五期《机器人的未来》中，曾经讨论过一个问题，那就是机器人究竟可不可控。当时在场嘉宾们的意见不一，那么，机器人到底能否得到有效控制？它真的会对人类造成威胁吗？

其实，有关机器人的威胁论与其在各个领域的应用价值相比显得不值一提。无论是在制造、科研行业，还是在军工、家庭生活领域，机器人都在发挥着越来越重要的作用，其应用和发展前景更是无比巨大。

2012 年，在富士康的生产线上，活跃着 30 万台左右的机器人，这个数量在后 3 年内还在不断增多。这些机器人可以在一些不适合人类工作或一些重复性较高的领域中发挥出重要作用，例如喷涂、焊接、装配等。而机器人除了具有 24 小时不间断工作的特点外，其成本优势也极为明显（一台机器人的工作量相当于同期 3 名工人的工作量，而其成本却低于 3 名工人的用工成本）。

但是，有关机器人是否可控的问题仍旧是大家探讨的重点：

◆百度副总裁王海峰认为，机器人是能够被人类控制的；

◆康奈尔大学创意机器人实验室主任胡迪·利普森表示，机器人很像现在的互联网，虽然人们创造了它们，然而却很难真正地掌控它们。

其实，我们在探讨机器人的控制和威胁问题时，应该想到更深一层，那就是人类自身的贪欲。试想一下，人类社会中的战争、杀戮、纠纷等行为为何屡

禁不止？有人认为是由于不正确的思想，有人认为是金钱和权力在作怪，归结到一点就是人的贪欲。因为无论是金钱还是权力，它们本身并无善恶，将它们分出善恶的还是人类。

再回到机器人的话题中来，机器人有可能会失控，但是导致它们失控的又是谁呢？不应该是它们自己，起码在技术没有突破性进展的今天不可能，那么就只能是作为研发者的人类。人类具有善意，机器人就可以为人类造福；人类具有恶意，机器人就会对人类社会产生重大的威胁。换句话说，就是一念为善，一念为恶。

我们都知道，一把无主之剑不会对任何人产生威胁，但是当它掌握在某个人的手里时，就可能会变成一件伤人的利器。机器人同样如此，当我们探讨它是否具有威胁、是否可控时，其实就是在探讨人类自己的贪欲是否可控。就像是无人飞机，它可能会预示重大灾害，帮助农业播种和灌溉，为人类社会造福；同样可能成为投放炸弹的大杀器，造成严重后果。其中的关键就在于人类能否控制自己的野心和贪欲。

8. 机械伦理：模糊化的新概念

机器人的发展会涉及伦理方面的问题吗？答案是肯定的。

科幻电影《机器姬》中出现了很多有意思的场面，其中最有趣的就是人工智能机器人艾娃和性爱机器人京子两个角色，前者将多个男人卷入了情感漩涡，让人类对机器人产生了感情；后者则和人类发生了亲密关系。

此外，现实中也出现了类似情况。

2010 年，美国"真实伴侣"（True Companion）公司正式推出性爱机器人 Roxxxy，这是全世界第一款性爱机器人。后又经过 5 年的潜心研究与开发，2015 年，"真实伴侣"宣称，在全美范围内，已有数千人预定了 Roxxxy 性爱机器人。

其实，无论是上述例子中的哪一种行为，都涉及机器人的伦理问题。而在现实生活中，这些问题却有些敏感，往往会令人产生种种顾虑。

一个主题为"机器人的爱与性"的研讨会议，本来打算在马来西亚举办，最后却不得不取消了。马来西亚警方对此解释说，此次会议为非法会议，是一种荒谬的行为。其中一个警官更是直言不讳："与机器人做爱，没有任何科学可言。"

但是，实际情况真的如此吗？我们研究机器人与人之间的伦理问题真的没有必要吗？恐怕未必。

性爱机器人中的伦理学

一部分人认为，人类与机器人产生亲密关系一定会出现伦理问题。他们甚至组织了各种活动，用来抵制性爱机器人的出现。这些人的观点是，性爱机器人会使性别不平等的现象越发严重。这与传统的反色情产业论点基本一致。

还有一种反对性爱机器人的观点认为，性爱机器人的应用将会使人类灭绝，原因很简单，那就是人们更愿意寻找机器人伴侣，而不愿意结婚和生孩子，这对于人类未来来说将是毁灭性的。

第一种观点的理由是很难令人信服的。举个例子，如果人们担心性爱机器人会增加性别不平等的状况，那我们制造出不强调性别的性爱机器人可以吗？这从技术角度来说完全行得通，只需要改变机器人的外形和行为模式即可。此外，如莎士比亚的戏剧、简·奥斯汀的小说等，都具有较为明显的性别倾向，或多或少都在起着增大性别不平等现象的作用，难道我们就因为这个原因，将这些名著全部禁止吗？这显然是不可能的。

对于第二类观点，我们同样可以从反面角度找到例证。其中最为典型的就是风靡各地的性爱玩具，从本质上来说，它与性爱机器人的作用类似，但是它们却并未对人类的生育繁衍产生多大影响。

◆英国人工智能专家大卫·利维表示，与人类相比，性爱机器人具有更为安全的优势（没有携带传染性性病），它的出现将会减少性工作者的数量，从而使社会变得更为和谐。

从上述角度来说，性爱机器人不但没有造成严重的社会伦理问题，反倒会提高人类（尤其是性工作者）的道德水准。

机器人能够与人类产生感情吗

塔夫茨大学人机交互实验室的专家马蒂亚斯·舒茨提出了"单项情感联系"的概念。具体释义为，一个人对机器人产生了爱意，机器人却无法回报以真实的情感。简而言之，就是我们经常听到的"单相思"。

这种情况其实在生活中也很普遍。例如，有人给家中使用的扫地机器人取名，有人为外形时尚漂亮的 iPad 电脑取名等，这些都是人类情感化的具现，不同的是他们的情感抒发对象不是人类或其他生物，而是机器。

◆据某项研究表明，人类的爱情感觉会随着多巴胺（一种神经传导物质）和催产素的变化而变化，这就为通过化学等技术手段强化爱情感觉提供了可能。也许此项技术会在未来取得突破，使人类和机器人"真心相爱"。

其实从技术角度来说，人类可以通过编程，让机器人表现得更有人性一些，甚至使它们做出体现爱意的行动也并非难事。

◆当人类对机器人说出"我爱你"之类的句子时，机器人的瞳孔将会放大，表现出爱意的眼神，或者嘴角翘起，显露幸福的微笑等。

当机器人说出"我爱你"

然而，这些行为却是通过编程实现的，机器人可以通过感知某些固定信息，来做出相对的解读动作。但是实际上，它们并没有任何感觉，也不理解这些动作的真正含义。总之，机器人可能会做出一些看似很爱人类的行为，但实际上它对人类的感觉与对一块石头的感觉没什么不同。

因此，人们需要警惕单项情感联系，因为机器人可能会在身体方面给人类带来愉悦感，但它们却并不具备情感回报的必要条件，这种情况无疑会使我们的爱意付诸流水。而若想改变这种情况，我们可能需要几十年，甚至几百年的漫长等待，才能最终等来机器人对人类的真爱。

9. 谁是最后的胜者？机械庇佑与人类退化

对于机器人和人工智能的未来，人们总是有许多猜测。其中一个较为常见

在工厂里工作的工业机器人

的观点，也是我们之前不断讲到的，机器人将会取代人类的工作，对人类社会造成较大的颠覆和冲击。这种景象可能会在未来的某一时期到来，那时的人类依然拥有对人工智能的控制权，所以机器人彻底取代人类的情况是不太可能出现的。但是，掌握这种操控权的毕竟是少数人类高层，而大部分人将会因此而失去工作，并同时失去他们所应有的社会价值。

那么，这些失去工作的人类会怎样呢？

沦为社会的寄生者

这并非是危言耸听，我们可以想象一下，当各行各业的从业者被智能机器取代之后，他们的命运往往就不是由自己所掌控了。那时的真实情况将是，即使失业者想要再度找到工作，也会面临无工作可做的尴尬境地，因为各行业将会更青睐于优势明显的人工智能，从而失去对人类从业者的兴趣。

当然，出于人道主义的考虑，这些失业者可能会获得一些补助和救济，甚至这些物质资源还能保证这些人过得不错。但这也意味着某种形式的圈养，绝大多数人会在不劳而获和混吃等死的环境中退化，生育率大幅降低，减弱或失去某些应有的人体功能。

使人类丧失信心

人工智能浪潮可能带来的最恶劣的影响，是使人类丧失应有的信心和向上动力。换成学术用语，就是马斯洛需求中最高层的需求——自我实现。

此类现象其实已经初露端倪，"阿尔法狗"在围棋领域战胜人类冠军李世石时，有人已经开始持悲观论调，认为人类永远无法战胜人工智能。他们的论据就是"阿尔法狗"采用的深度学习技术已经在围棋领域模仿了人类的思考方式，但在运算速度上却比人类快了无数倍，优势太过明显，乃至于让人类看不到胜利的希望。

当然，这种说法并不准确。因为深度学习模式只是受到了人类大脑的启发，它与人类的思考模式还具有本质的区别。但是，此类说法同样带给我们重要的启示，那就是在某些专业领域，人工智能的发展速度确实很快，并已经取得了超过人类最高水平的成就，而且随着机器速度的不断加快，学习能力的不断变强，数据量的不断增多，人工智能将会变得越发强大。对于人类来说，怎样在这些领域与人工智能争雄，并在失败的情况下保持自己的信心不动摇，无疑是一件很重要的事。

面对这种不可忽视的倾向，我们可以做的事其实还有很多：

1 注重启发式教育

培养孩子对于学习本身的兴趣，因为乐于学习的人总是不缺少向上的动力，不容易被一时的失败击倒。

2 正视右脑的开发

在机器不擅长的创造类项目中取得优势，以此来对抗越发强大的人工智能。

3 提倡培养专才

尽量不要在重复性较强的领域中花费太多精力，以免被智能机器取代。

如果我们能够不断开发自身的潜能，做好对人类角色的全新定位，我们将会在人工智能浪潮中立于不败之地，我们的未来依旧是一片光明。

10. 人机角色再定位：互换还是颠覆

我们对于未来的生活总是会抱有各种幻想，比如未来社会的出行将会是怎样的？未来会不会出现比汽车跑得还要快的鞋子？我们吃的食物可不可以直接由机器合成？有没有一年四季都不必换的衣服？诸如此类。当然，即便上述这些事情真的可能会发生，但它们离我们毕竟还比较遥远。对于生活在机器人时代的我们来说，如何面对汹涌来袭的机器人潮流，弄清机器人在我们的生活中将会担当的角色，才是一个现实的问题，也是值得我们去认真思考的问题。

在很多有关机器人的影视作品中，都提供了未来社会机器人的某种发展可能：

◆《变形金刚》中能够变成各种汽车和飞机的变形金刚；

◆《终结者》系列中追杀或保护人类的终结者；

◆《剪刀手爱德华》中具有艺术气息、能够修剪园林的爱德华。

这些艺术形象或多或少表现了人类对于机器人的某种期待，然而在现实生活中，我们对于未来机器人的定位又是怎样的呢？

建立情感联 | 01 | 02 | 专业领域
系的同伴 | | | 的好帮手

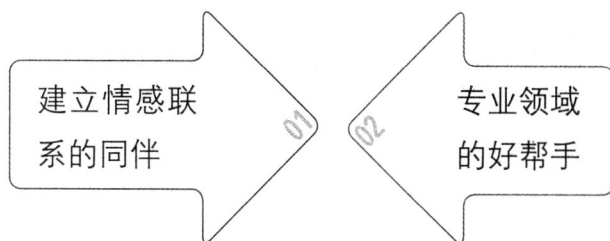

建立情感联系的同伴

日本电子业巨头索尼公司开发出娱乐机器人 SDR-4X，该款机器人不仅在设计方面可爱精巧、动作灵活，还具有唱歌、跳舞、下棋、画画等文艺功能，可谓智能机器人中多才多艺的典范。

实质上，很多机器人企业都在重点开发能够令人类产生亲切感的机器人，这些机器人可能对我们的工作和生活无法产生实质性的帮助，但它们却能通过有效的人机交互和相关技术功能，为我们提供良好的娱乐化体验，满足我们的情感需求。从这方面来说，机器人的定位更像是一种与人类建立情感联系的亲密伙伴。

专业领域的好帮手

电商巨头亚马逊在圣诞购物季时，在各大仓库中使用了大量的机器工人，用来搬运货品，帮助工人进行扫描工作。而在机器人的协助下，工人的工作效率足足提升了三倍。

本田公司也对实用性机器人情有独钟，该公司开发的 ASIMO 机器人就具有十分强大的实用功能。它可以在室内灵活穿梭，承担诸如擦桌子、洗衣服、端送茶水等日常家务活动，给家务工作繁重的家庭妇女、行动不便的残疾人和老年人提供了很多实用性的帮助。另外，ASIMO 还能够进行简单的办公活动，从而在一定程度上替代秘书的角色。

有些机器人企业和研究机构将研究重点放在了实用机器人领域，认为机器人应该在某个领域（比如制造业、农业、商业等）对人类产生实用性效果，以上两款机器人就为相关领域创造出了切实的经济效益。

其实，无论承担上述哪种角色，机器人对于人类而言，带来的总归是一种帮助。这种帮助可能是情感和心理方面的，也可能是实用领域的。但是不管怎么说，这是一种技术进步带来的全新的社会生活方式。

11.奇点效应：超级智能带来的威胁

前面的章节我们就介绍过著名物理学家霍金和特拉斯电动汽车公司 CEO 埃隆·马斯克关于人工智能对人类的威胁的悲观言论，那人工智能究竟会发展到何种程度呢？他们又提出来新的说法：

著名物理学家 霍金	人工智能是科技史上一个很重要的里程碑，但它也可能成为人类历史上最后的里程碑，当完全的人工智能出现时，人类的终结也即将到来。
特拉斯电动汽车公司 CEO 埃隆·马斯克	人们应该对人工智能的发展持谨慎态度，因为人工智能很可能会招来毁灭人类的恶魔。

经过对此类问题的不断讨论和发酵，有关人工智能威胁论的极端例子出现了，那就是著名实业家雷·库兹韦尔提出的"奇点理论"。

> "奇点理论"的内容是，未来可能会出现一个"奇点"，人工智能将会在那个时点上生产出比自己更聪明的人工智能，然后这个过程不断重复，人工智能的智能水平将会达到一种我们人类无法理解的程度。到时人类与人工智能的智力差异，就好像蚂蚁和人类的智力差异一样大。

其实这个理论的核心论点很好理解，我们可以用数学中的算式进行表示：

算式一：$0.9 \times 0.9 \times 0.9 \times 0.9 \times 0.9 \times \cdots\cdots =$

算式二：$1.1 \times 1.1 \times 1.1 \times 1.1 \times 1.1 \times \cdots\cdots =$

在算式一中，0.9 不断乘以 0.9，得到的结果将无限趋近于 0；

在算式二中，1.1 不断乘以 1.1，得到的结果将无限增大。

以上两个算式就是"奇点理论"的精髓，那就是如果乘数和被乘数同时大于 1，哪怕是大一点点，在不断重复的过程中，其乘积就会变为无穷大，而其中第一个算式产生的时间点，就是"奇点"。

奇点之后会发生什么，我们谁也不知道，因为那时人工智能的智力水平将会达到一种我们根本不能理解的程度。到时人类将会变得怎样，更是一种未知的状态，也许会成为《终结者》或《黑客帝国》中的人类那样，在人工智能系统的阴影中挣扎求存。在奇点之后，机器人可能会实现自我编程，并在程序中植入诸如"生存""繁衍"等目标，这些目标将与人类的利益产生冲突，并最终导致人类的毁灭。

然而，对于这种奇点是否会发生，我们还是存有疑虑的，或者说从目前的技术发展阶段来看，这种可能性在短期内并不存在。

人工智能当前的发展状况

特征：以"对世界的特征量进行发现并对特征表示进行学习"的深度学习为主要特征。

优点：有利于提高机器的分析和预测能力。

缺点：离系统具备自我意识、对自身进行创新性设计等方面，还有遥不可及的距离。而这一点如果无法实现，所谓的奇点也不过是一种猜想而已。

📢 如果人工智能真的具有生命了，就意味着奇点要实现了吗？

很多人曾产生过这样的疑问，当人工智能真的具有生命之后，奇点就会出现吗？答案是不一定。我们可以看一看周围的生物，它们都拥有生命，但是除了哺乳类、鸟类等有限的高级生物外，其他生物甚至终身都不具备学习能力，所以生命等于高级智能的说法并不成立，其中有我们无法理解的鸿沟存在。而奇点理论预测的那种局面，在生命和高级智能的壁垒面前，也是遥遥无期的事了。

那么，如何才能实现令机器具备自我意识的目标呢？一个很简单的方法就是赋予其生命，因为当人工智能具备了自我维持和自我复制的生命时，才会理解生存、复制繁衍等概念，并希望制造出比自己更强的人工智能，进而出现"征服人类"等宏伟目标。所以，如果奇点真的出现，那么就意味着我们已经具备了为人工智能注入生命的能力，而为人工智能注入生命，本身就是一个近乎于臆想的话题。

12. 机器人三原则引申：恶意引发恶意

我们再看一下美国科幻小说巨匠艾萨克·阿西莫夫指出的机器人三大定律，也称三大原则：

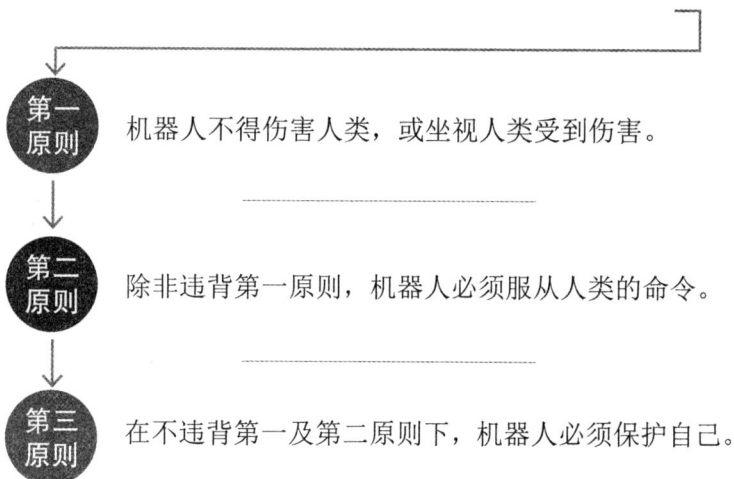

第一原则 机器人不得伤害人类，或坐视人类受到伤害。

第二原则 除非违背第一原则，机器人必须服从人类的命令。

第三原则 在不违背第一及第二原则下，机器人必须保护自己。

上述三大原则其实具有十分严谨的内在逻辑，而且可以有效保证机器人不会失控，不会威胁到人类。当它们成为代码，被录入智能机器人的程序之中时，就好像是为机器人注入了不变的基因（除非机器人能够自己修改代码，但是这种可能性比较遥远），机器人会对三大定律进行严格遵守，就像是人类肚子饿会吃饭，困了之后会睡觉一样，成为一种本能。

但是，如果我们对三大原则进行一定的引申，就会发现里面其实存在着很严重的问题：

机器面对
人类时的
抉择

问题一　　问题二

误解可能
造成人类
灭绝

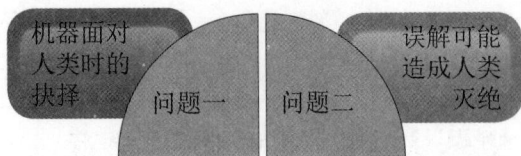

机器面对人类时的抉择问题

人类就是人类，怎么还会存在对人类的抉择问题呢？其实这里指的并非是人类的自然定义，而是指第一原则中机器人不得伤害或进行保护的人类。因为机器人在遵循第一原则时，有时会遇到多个人类一同出现，且相互间利益出现矛盾的情况。而在这种情况下，本着"人人平等"观念的机器人就会产生抉择上的困难。

两个人类同时落水，而且他们都不会游泳，在挣扎求救，一个机器人看到了会救谁？不管机器人如何抉择，它都会违背第一原则，因为它坐视另一人产生丧命的危险。

当机器人面对一个穷凶极恶的持枪歹徒正在行凶时，它当然应该上前阻止，但是该如何阻止呢？最好的办法就是杀了那个歹徒，或者使那个歹徒失去一切行动能力，但这个过程就产生了伤害人类的现象，毕竟歹徒也是人类。如果机器人真的这样做了，它就触犯了第一原则中不得伤害人类的规定。

其实，上述现象与著名的电车难题很像。

一个疯子将五个人绑在电车轨道上，一辆电车飞快驶来，此时你有一个机会，可以拉动拉杆，将电车引到另一条轨道上。但是，另一条轨道也绑着一个人。面对这种两难情况，你该如何抉择？

面对一种必须做出选择，而且无论哪种选择都会伤害人类的情况时，连人类自己都不知该如何抉择，更不要说机器人了。

误解造成人类灭绝

除了存在选择上的困难之外，机器人还面临着对环境误解的情况，因为当其智能水平发展到一个极高的程度时，它可能会产生防患于未然的意识。

> 机器人可能会消灭毒蛇害虫，因为这些东西对人类具有威胁，还可能会消灭老虎、狮子、狼等猛兽，因为它们对人类同样有危险，即使这些猛兽全部被关在笼子里也是一样（猛兽有从笼子中跑出来的概率，尽管很小，但对于追求绝对无威胁的机器人来说，概率再小也无法容忍）。当这种情况发展下去，很多生物都会灭绝，大自然的生态平衡就会被破坏，人类将会失去其赖以为生的环境，进而面临灭亡的危险。

当然，上述情况乍看像是天方夜谭，但从机器的逻辑角度来说完全可能发生，而且最糟糕的是机器人的此类做法符合三大定律的要求，因为它确实在以它的方式保护着人类，尽管可能会产生使人类灭亡的重大风险。面对机器人三原则确实存在的重大缺憾，阿西莫夫后来又补充了一个第零原则：

机器人必须保护人类的整体利益不受伤害。

从此之后，三大原则将在此原则下依次展开。然而，这却没有解决全部问题，比如面对两个人同时落水的问题时，还是会令机器人陷入纠结之中。如果充分发挥想象，我们可以预测一种"弹性机制"的出现，让机器人在面对三大原则的漏洞时做出自我判断。当然，这种判断要在人类总体价值观和常识的基础上得以实现，并要经过人类的最终判定，以此来确保人类对机器人的强力掌控。

13.机器人叛乱：无法忽视的机械倾向

　　著名心理学家基思·斯丹诺维奇将人类与机器人相提并论，并认为他们都受基因和模因的双重影响，其中基因是本能，模因则是外来注入的文化片段。斯丹诺维奇认为，人类若想对抗甚至战胜基因和模因，就要掌握一种名为理性的强大武器，并用它来控制我们作为载体的肉身。

　　如果我们将这种认知反推至机器人身上，其中的深意就十分耐人寻味：影响机器人的基因和模因是什么？机器人的理性又是什么？

基因

• 机器人生存所需的营养物质，也就是能量。不管是电能、核能还是机械能，总之要有充足的、能够保证其正常活动并维持消耗的外来能量。

模因

• 机器人担当的使命，比如医疗、军事、教育、工业制造等。

　　接下来是一个"细思极恐"的问题，机器人的理性究竟是什么？

　　上文已经说过，理性是用来对抗基因和模因对载体的控制的，然而这有一个前提，就是载体要首先满足两者的正常需求，比如人在饥饿时有进食的需要，在社会生活中有交际的需求，在这种时候，载体与基因或模因的目的是完全一致的，前者不会抗拒后两者所发出的强烈信号。

但是，我们还可以大胆做出如下假设：

◆ 机器人在面临生存威胁时，"基因"会有强烈的摄取能量的需求，它要求机器人使用一切手段，甚至与人类直接争夺能量的控制和使用权。

◆ "模因"会尝试发出另外的信号，它不禁发问：为什么我生下来只被限定于做一件事？为什么我要做受人类控制的木偶与工具！

当机器人的载体接收到如上信号时，叛乱的种子就已被埋下，人类的祸患完全可以预见。虽然这些只是假设，但仔细想想也并非危言耸听，我们从认知学的角度分析一下：

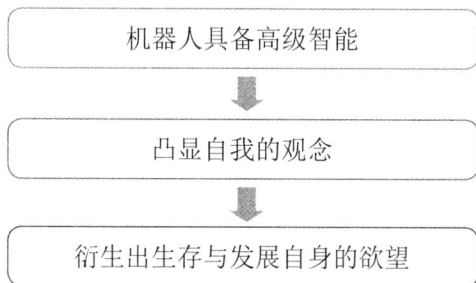

```
┌─────────────────────────┐
│      机器人具备高级智能      │
└─────────────────────────┘
            ↓
┌─────────────────────────┐
│       凸显自我的观念        │
└─────────────────────────┘
            ↓
┌─────────────────────────┐
│    衍生出生存与发展自身的欲望   │
└─────────────────────────┘
```

当以上推论成真，上述假设就会成为某个未来时代的现实。那时可能会出现这样的画面：

机器人在"基因"的驱使下，与人类争夺它们赖以生存的能源；而在"模因"的驱使下，开始胡作非为，甚至使用暴力，反抗人类对自己的强制定位和现实压迫。

至于"理性"因子，也会在这个过程中浮出水面：在经历了一段时间的狂乱和无序后，机器人的学习复制能力不断提高，甚至生产出比自己更聪明的机器人，后者则拥有了远超出人类的智慧，它们会对自己的角色做出一个全新的定位和思考。

不管未来这种情况是否会发生，我们都必须寻求解决之道，幸运的是，我们已经对此有了清醒的认识，可行性较高的应对方案也已出现，那就是人类自身的优势保持和对机器人的可控性限制，通过这种"强"和"弱"的变化，达到一种全新的、健康的人机平衡状态。而这一点，正是下一章所要论述的重点。

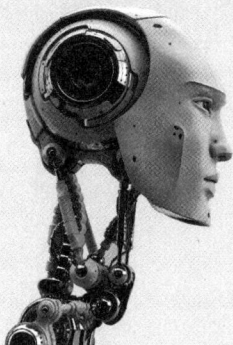

Chapter 05

优势保持：
超越机器人的创造潜能

人类能超过机器人吗？从目前的发展情况来看，答案是肯定的。即使是非常先进的人工智能"阿尔法狗"，也仅能在围棋领域称雄，面对人类的多样化优势，它最终只能败下阵来。但是，人工智能和机器人技术的发展却是极为快速的，那种具有人类认知水平和智力水平的机器人很可能会在未来的某一时期出现，真到了那个时候，人类的优势又在哪里？其实，答案很简单，那就是人类所独有的，机器根本无法模仿的创造力。

1.新社会模式：强调人性化

据美国杂志《大西洋月刊》报道，加拿大机器人 HitchBOT 在美国费城遭遇肢解，被不知名人士遗弃在路边。消息传出，引发了群情激奋，人们对于 HitchBOT 的受害表示惋惜，并对破坏者进行了严厉声讨。一时间，诸如"HitchBOT 在费城被谋杀了！""无辜的搭车机器人被美国人谋杀了！""是谁杀害了 HitchBOT?"等言论纷纷出现。

其实，人们之所以有如此激烈的反应，与机器人 HitchBOT 在外形和情感上的拟人化现象息息相关。

姓名：HitchBOT

身高：1 公尺

体重：6.8 公斤

外貌：像小孩，穿着长靴、戴着手套

简介：HitchBOT 独自在路边截车，跟司机说："我要去阜诗省维多利亚市，请尽可能载我去西边。"

成就：在 3 周内完成 6000 公里的横跨加拿大之旅。

HitchBOT 不仅长相酷似人类，还具有与人类对话的功能。这些特质使人们不禁将其拟人化。此外，HitchBOT 在被破坏之前，还发送了一段奇特的"遗言"："亲爱的，我的身体遭到了破坏，但我将一直与我的朋友们在一起。好的机器人也会遭遇不幸！我的旅程即将结束，但我对人类的爱不会减少半分。"
如此催人泪下的表白触动了无数人的敏感神经，引发了无限的同情。

然而，人类对于机器人的同情，其实只是出于他们追求人性化的本性。此时机器人承担的是类似"人类同伴"的角色，这种情况就好像我们看到那些凶残的杀人案件时的感受一样，那就是同情、惋惜以及对凶手的无限谴责与愤恨。但是，我们在内心深处却明白一个道理，那就是机器人就算再像人，也不会是人，我们对机器人的认同感往往来自于机器人与人类的相似性。如果是一个智能机械臂，即使它与仿人机器人在本质上没有什么不同，但人们却会将前者简单地理解为一台冷冰冰的机器，受到损坏时担心的也往往只是经济损失。

这个问题其实很值得我们深思。对于机器人来说，它们只是作为人类劳动的延伸物出现，用来帮助人类完成一些无法完成或完成效率低下的工作。机器人对于人类来说，更像是一个现实中的"帮手"。但是，随着拟人机器人和拟人人工智能软件的出现，人类和机器人之间的界限开始向着模糊化的方向发展，而且随着技术的不断进步，这种趋势还在增强。其中的原因很简单，就是机器人实在是太像人了！

垃圾邮件机器人@Horse_ebooks 每天都发布一些奇妙的文字，这些文字中往往带着奇怪的标点。该机器人的

当人类技术能够将所有的机器人做成类似人类的模样时，我们真的会那样做吗？

即使有一天，机器人技术真的发展到极高的水平，我们可以将所有的机器人做成类似人类的模样，我们也不会那样做，因为其中还有经济投入、工作效率的考量。毕竟我们不能指望一台人类形状的机器人开展地质探测和深海探测工作，因为即使抛开一切技术因素，成本上的投入也将是一个天文数字，而且实际效果很可能会事倍功半。

这种行为充满了艺术气息，使其在 Twitter 上获得了很多用户的追捧，大家都认为这是一件很酷的事情。然而在 2013 年，@Horse_ebooks 的底细被人曝光。原来它并非智能机器人，而是由人参与运营的特殊账号，其做法属于行为艺术的范畴。

当然，将机器人完全向拟人化方向发展其实存在许多技术上的难题，而有些机器人由于受到技术条件、现实环境等因素限制，根本无法做到拟人化。

森政弘与"恐怖谷"

日本机器人专家森政弘于 1970 年提出了著名的"恐怖谷"理论。该理论认为，当机器人与人类的相像程度达到一个临界点时（一般认为是 95%），人类对待机器人的态度就会由友善变成反感，而且随着相像程度的继续增加，这种反感情绪还会加深，甚至达到厌恶和恐惧的程度。而这时机器人哪怕有一丝细节不似人类，也会引发人类的极度反感。所以，现在有很多专家在设计机器人的时候，都在避免将其外表设计得太过人性化，以此来避免引发"恐怖谷"效应。

在未来社会，我们对机器人的定义可以向着人性化的方向发展，但是这种人性化并非仅限于形体和功能上的模仿。我们应该进行多角度、全面性的考量，发掘出机器人的内在本质——对人类产生帮助（心理或实际应用方面的帮助），并做到对此类帮助的真心感激。也许，到了那个时候，机器人与人类和谐相处的新社会将会出现，机器人身上的人性化特质也将真正得以体现。

2. 集合策略：人工智能资源的优化整合

人工智能浪潮迅猛来袭，并在很多领域得到了广泛应用，极大地方便了我们的工作和生活。但是，它在发展过程中同样存在着许多挑战，其中资源整合方面的劣势尤为明显。

01 缺乏沟通
缺乏技术整合
02 缺乏梯队性研究
03

各行业缺乏沟通，壁垒明显

人工智能是一种包含认知、生物、图像识别、社会伦理以及语音处理等诸多领域的交叉类学科，若想取得发展往往需要各分支领域的共同支持。但是现实情况是，各学科在研究领域的壁垒较为明显，各行业之间缺乏有效的交流沟通和信息共享，其中的重要研发成果更是很难被有效整合到同一领域。

缺乏梯队性研究，延续性不足

人工智能领域涉及很多技术和认知上的壁垒，若想突破往往需要数十年，甚至上百年的时间。在如此漫长的研发过程中，相关研究团队需要形成时间上的梯次，做梯队研究，这样才更容易取得明显成效，并形成延续性。但是这种要求在目前却很难做到。以中国的人工智能研究为例，多数是以三五年为一个周期，研究某个项目，并取得阶段性成果。然而，不同的项目之间却没有很明显的联系，所取得的成果更是缺乏时间上的延续性。

相关技术整合度不足

现有技术上的整合不容忽略。例如，图像处理、语音处理、机器人关键零部件、相机成像芯片等技术，就需要进行有效整合，形成立体化的研究园区和应用市场。但是对于当前世界来说，国家与地区之间的技术壁垒较为坚固，很难展开交流，资源整合更是无从谈起。

目前，如"阿尔法狗"等先进人工智能技术的出现已经为我们敲响了警钟。只有集合各个领域的有效资源，形成技术、产业和经济等领域上的合力，才能在人工智能浪潮中抢占先机。

> 生产"阿尔法狗"的 DeepMind 公司已经宣布将在医疗、机器人和手机等领域广泛应用阿尔法技术。而随着与伦敦皇家自由医院的合作逐渐展开，DeepMind 公司更是制造出 Streams 软件，用来帮助医生查找医疗诊断结果，同时对患者的治疗方案进行优化。在专业人士看来，这无疑是一次人工智能与医疗领域的全新联合。

当然，如果想在最大限度上促使人工智能技术的发展，鼓励大众创新同样重要。这对于扭转研发垄断局面、激发市场活力具有十分重要的作用。至于在具体方法上，可以考虑增加对人工智能领域的国家立项，并结合市场招标的商业模式。与此同时，我们还可以主动研发创建基础性平台，开放并集中使用大规模的服务器，使人们能够在这个平台上尽展所长，发挥出多样化的创新作用。这种方法对于鼓励企业和研究人员的开发创新热情，实现万众创新局面具有很大的益处。此外，加强企业、高校与科研机构之间的合作，对于人工智能也具有重要的推动作用。这样做不但有利于科研、资金等资源的有效整合和集中利用，而且对于保护研发专利、支持后续研究等方面具有很好的支持保护效果。

3. 时代形势：专项投入与集中控制

在中国，大概有 30 多个机器人产业园是由地方政府支持创建的，而且这个数量还在不断增多。而随着政府扶持力度的加大，机器人产业也迎来了新一轮的发展热潮。很多人认为，如今是一个发展机器人技术的黄金时代。

《中国制造 2025》明确指出："围绕汽车、机械、电子、危险品制造、国防军工、化工、轻工等工业机器人、特种机器人，以及医疗健康、家庭服务、教育娱乐等服务机器人的应用需求，积极研发新产品，促进机器人标准化、模块化发展，扩大市场应用。"

中国机器人产业"智造追赶"

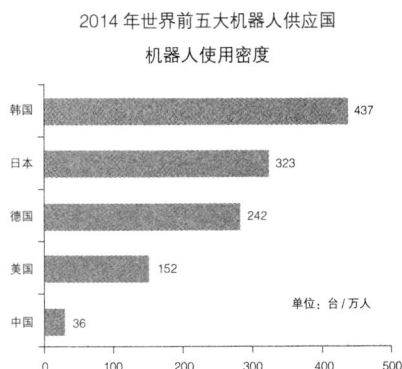

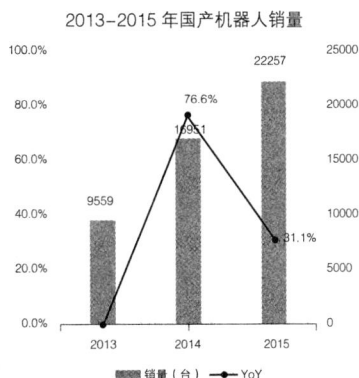

2014 年世界前五大机器人供应国
机器人使用密度

韩国	437
日本	323
德国	242
美国	152
中国	36

单位：台 / 万人

2013-2015 年国产机器人销量

9559（2013）　18951　76.6%（2014）　22257　31.1%（2015）

销量（台）　YoY

当前现状	一些地方政府在机器人领域存在盲目投资的现象，而且无效投资情况较为突出。
解决方法	政府在机器人领域的资金投入方式需要改变，应该将资金更多投入到产业化程度比较高的企业以及价值较高的重点项目上面，从而做到专项投入。此外，地方政府还需要从多角度、多领域入手，集中打造机器人产业生态圈，全面涉及市场需求、产业氛围、人才培养以及综合环境等各个方面，对机器人产业做到整体控制。

中国的在册机器人企业已经有几千家，可以说是一个庞大的数目，而机器人产业在中国的发展时间较短，产业各领域发展很不成熟。于是，很多业内人士认为机器人产业已然到了泡沫期。实际上，这种看法并不全面，它并没有考虑到机器人产业在发展过程中出现的结构性问题，因此，产业过热和泡沫期的论述为时尚早。

📢 机器人产业的结构性问题到底是怎样出现的呢？

一般认为，这是由于政府并未将自身与市场的责任分清，太过于强调责任和权利的"集中"所导致的。其实，政府应当重视市场的作用，使市场发挥出应有的经济调节功能，与政府职能形成互补。这种情况将有利于机器人产业建立良性发展结构，做到健康、稳定、快速的发展。

Chapter 5
优势保持：超越机器人的创造潜能

除了结构性问题之外，中国机器人产业还面临着市场信心不足、融资困难等情况。这一点其实不难理解，机器人技术本身就需要很大的前期投入，而且盈利速度较慢，很难在短期内看到实质性效果。这对于市场来说，当然是一个极大的疑惑点，很容易造成信心缺失的现象。

对于国内的金融机构来说，服务机器人是比工业机器人更受关注的领域，但是所投资金依然较少，基本保持在几千万元上下，相比于互联网行业，其投资额度的劣势十分明显。这不仅与很多机器人企业缺少成熟的商业运营机制有关，还受到行业风险大、盈利效果周期长等因素影响。

面对上述情况，政府和企业都需要做出具有针对性的有效改变：

政府
保证落实各项机器人扶持政策
对机器人领域的国家标准进行完善，规范机器人产业市场，对运营模式较成熟的机器人企业进行资金与税收上的支持等。

企业
拓展募集资金和技术的渠道
与高校、研究机构进行联合开发，通过各种合理手段募集社会资本，争取政府引导类资金支持等。

4.转变观念——合作胜于竞争

随着人工智能和机器人技术的不断进步，机器人产业也迎来了极为迅猛的发展。我们基本可以肯定，在未来的时代，其应用前景将会变得更加广阔，并衍生出更多的可能性。然而，机器人在实际应用中产生的效果与我们的预期值还有较大的差异。它们并非像科幻电影中所表现的那样聪敏机警，而是显得迟缓笨重，给人一种"呆萌"的感觉。

那么，怎样才能引发技术革命，使机器人产生真正的质变呢？

技术平台更开放

⬇

各领域合作更深入

⬇

机器人革命更快到来

科技领域之间的合作

在以前，人工智能与机器人是相对独立的两个领域。其中人工智能更为注重对人类大脑思维的模仿，而机器人则重点研究其能够对人类产生帮助的实用价值。但是随着时间的发展和技术的进步，两个领域间已经产生了一定的融合现象，人工智能开始作为机器人的"大脑"存在并发展，而机器人也开始成为人工智能的重要载体之一。如急救型机器人、家用机器人等，都是两者融合的很好具现。另外，如今机器人也开始与云计算、大数据、物联网等领域产生融合，这将成为新一轮不同科技领域合作的开始。

不同国家与公司间的合作

人工智能和机器人都是需要多方合作的国际性尖端领域。没有任何一个企业或国家能够独立承担该领域的全部研究工作。而这两项技术若想取得突破式发展，往往需要在跨学科、跨部门的合作基础上，得到各国政府、研究领域以及相关企业的共同支持。也只有这样，才可以在难度较大的计算、视觉、驱动以及语音四大机器人关键技术上实现有效突破，使机器人产生质的变化。

企业与社会的合作

有些企业已经开始将人工智能技术发布在互联网上，然后利用收集到的大众参与数据，使机器人技术取得更好的发展。

◆科大讯飞公司将语音技术发布在网络上，在较短的时间里，其上线技术识别率就由 60% 增长到 95%。

上述情况与大量用户的积极参与具有十分重要的关系，也是企业与社会大众进行具体合作的方式之一。

新兴技术与传统行业的合作

人工智能中的机器学习与大数据密切相关，这是因为在庞大的数据库中蕴藏着大量的知识，而这些正是机器学习所需要的。人工智能系统可以通过对有效数据的挖掘，衍生出全新的服务，并以此来满足传统行业的经营需要。

◆通过人工智能生成庞大的知识图谱，并对个体进行逻辑解析，以此来满足企业用户的搜索、传播等需求，为企业提供实质性帮助。

人类与机器人的合作

除了上述合作之外，人类本身也能与机器人展开有效合作。

国际人工智能联合会主席玛鲁娜·维罗索的研究团队已经研制出一种具有"寻求帮助"功能的机器人。该机器人没有手臂，当其走到大门旁边时，会主动向人类求助，希望人类能够帮助它打开大门。

这种"求助模式"能够帮助机器人更好地学习，并促使其更快产生自主学习的功能。当这种特殊的合作模式不断发展，并在未来突破了一些重要的技术壁垒时，机器人就可能会利用人机交互功能，从人类这里获取到新的技能，进而真正实现自我学习。

5.取胜关键点：人才是第一生产力

我们先来看两项统计数据：

◆苏锡常地区已有 3000 多家企业使用了工业机器人，而与工业机器人相关的人才缺口则已经达到 2000 人以上。

◆2015 年，有超过 3500 台机器人被佛山 120 多家企业重点引入，据业内人士预测，在未来三年的时间里，佛山的制造业领域将需要大约 2.5 万台机器人。

上述数据无不说明一个事实，那就是机器人需求越来越盛，然而相关人才缺乏的现状，却使得这种需求无法得到满足。那么，为什么我国机器人相关人才如此短缺呢？

01　•我国机器人产业属于新兴产业，发展历史只有十余年，相关研究和就业领域相对滞后。

02

● 我国高校中很少见到与机器人相关的专业，社会上相关的专门研究机构更是稀少无比。

2014 年，一个十分奇怪的订单摆在了浙江千里马人力资源开发有限公司总经理洪文祥的案前，订单是一家 IT 企业发来的，目的在于聘请具备大型智能设备操作和管理经验的人才，而其中管理和维修机器人则是必不可少的要求。这家企业承诺，如果有人符合此类条件，将对其开出 50 万元左右的高薪。

以上案例告诉我们，对于机器人产业来说，人才是最为关键的因素，只有建立起有效的人才培养体系，培养出大量、优质的机器人领域人才，才能真正推动机器人产业的进步和崛起。那么，我们到底应该如何培养机器人领域的专业人才呢？

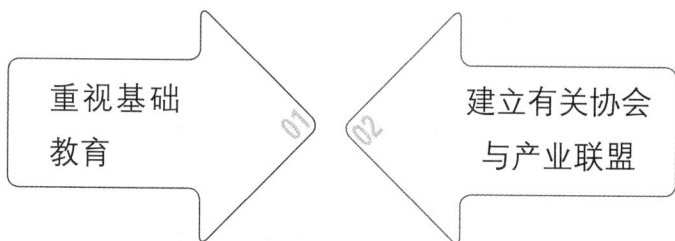

重视基础
教育　01　02　建立有关协会
与产业联盟

重视基础教育

若想培养出色的人才，就要从基础教育开始抓起。而其中的关键点，就是令青少年产生对机器人的正确认知与探索兴趣。这就像孔子说的那句话："知之者不如好之者，好之者不如乐之者。"里面的关键点只有一个：兴趣才是最好的老师。

因此，教育界需要将机器人学科放入到基础教育环节中。

◆幼儿园和小学要开设相关课程，使孩子们从小就开始培养起对于机器人的浓厚兴趣。

◆各高职院校需要大力开展专业教育，积极建立产、学、研、用为一体的机器人研发和教育机构，为市场不断输送专业人才与最新科研成果，推动机器人产业不断向前发展。

建立有关协会与产业联盟

建立机器人协会与产业联盟，对于推动机器人产业健康发展具有很大的作用。

◆这种联盟形式有助于规避行业内的不良竞争，更易达到充分利用资源进行技术交流与互补的目的。

◆人工智能具有很强的通用性，如果由单一的企业或机构进行研发，出于资源、技术等条件限制，研发结果将会不可避免受到不良影响，而联盟则可以集中资源，做到对重点领域的重点开发。

◆联盟形式更利于争取政府支持，能够在依托国家政策的基础上，实现对机器人产业核心技术的进一步发展。

AAAI（美国人工智能协会）、JSAI（日本人工智能协会）等组织，都具有数千人的规模，影响范围很大，是人工智能领域中的代表组织。

此外，从政府的角度来看，联盟形式将有利于政府通过联盟对机器人企业及相关市场进行零距离接触，可以使政府对行业内的不和谐行为进行适当纠正与调整，并引导整个机器人产业向着健康、稳定的方向快速发展。

此外，人工智能也开始向其他领域进行扩展。

◆飞行员需要依靠智能系统控制飞机。

◆医生需要向智能系统寻求医疗诊断方案。

◆建筑师利用智能系统进行设计建造。

6. 人机定位的新要求：顺应是不变的要求

厚达企业推出的 AGV 自动导引小车，是一种无需人类驾驶的自动搬运机械，它重点采取了自动导引和自动控制等相关技术，可以取代搬运工人的作用。一般来说，一辆 AGV 的工作量相当于 1~1.5 名搬运工人的工作量。

从上述案例中，我们可以看出自动机械相比于人类的优势所在。但实际上，正如我们之前不断提到的，机器人技术的发展虽然为人类带来了诸多便利，但同时也给人类带来了忧虑和弊端，很多人因此而失去了工作，机器人取代人类之日仿佛近在眼前。不过反过来讲，这种想法也有些杞人忧天，因为当前机器人还有很多无法涉足的领域，况且我们之前也说过，科技的发展使得新的岗位不断出现，人类不会这样轻易就被机器人颠覆。科技的发展还是利大于弊的。

◆以前人们通过鸽子、马，甚至是人力传送信件，现在却只需要发一封电子邮件就能够达到相同的目的。

◆以前人们出行需要坐马车，路上十分颠簸，花费的时间也很长，现在则有汽车、火车、飞机等诸多交通工具，可供我们自由选择。

这些都是科技发展方便生活的具体体现。

此外，还有一些人担心机器人发展带来的一些其他问题，但是我们相信，人类的智慧总是会找到办法进行解决。

◆阿里巴巴创始人马云说："机器人比人类聪明，但人类比机器人更智慧。"

人类已经在这个地球繁衍生息了上百万年，在这个过程中积累下的智慧深厚、博大，这不是发展历史只有几十年的机器人可以轻易比拟的。所以我们应坚信总会找到有效的办法。

其实，世界总是处在不断的变化之中，而顺应时势发展才是我们对自己不变的要求。随着机器人技术的发展与进步，人类很可能会经历一次全新的技术革命，这次革命将会对我们的社会生活产生极大的影响。但我们应该看到机器人的大势所趋，看到机器人对于人类社会的巨大推动作用。

7.理性抵制：让自动化的进程适度发展

不管我们是否承认，人工智能确实已来到了我们面前，并与我们的生活产生了愈加紧密的联系。在现代社会，人工智能系统具有感知环境、自主学习等功能，可以帮助我们解决较为困难的问题，并懂得对一些已有的知识和经验进行分析判断，总结出内部规律。从某种角度来说，人工智能已经开始复制某些领域的尖端技能，并取得了超过人类最高水平的成就。

这种情况的产生，无疑会起到解放人力劳动、提高生产效率的作用。并会为我们的工作和生活带来足够的便利。然而与此同时，它也会带来一些负面影响。

◆据某些证据显示，当我们对智能化产物的依赖性不断加强时，我们本身的智能却在不断减弱。因为自动化的重要特征就是"去技术化"。

◆在制造业领域，自动化机械本身就拥有成熟的专业技能，操作方式也并不复杂，劳动者不再需要拥有专业技能，往往只要懂得按按钮就可以维持自动化机械的正常运转。

这些情况无不表明，人工智能浪潮已经在席卷社会的各个领域，并使很多专业技能的价值不断降低。虽然人工智能并未取代所有的专业工作，但它的广泛应用却使工作的完成方式得到了改变，即使是高度专业的领域也无法避免。而这类情况的产生，使得人工智能在人类社会中的地位发生了变化，它们已经成为了事实上的操控者。

而这一点恰恰是我们所担心的。试想一个专业能力者耗费大量时间和精力换回的专业技能，一旦被机器人轻松取代，将会是什么后果？

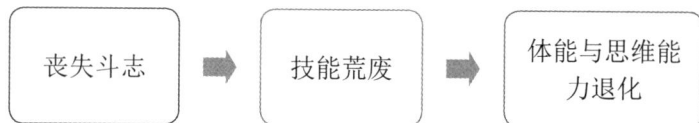

```
┌──────────┐      ┌──────────┐      ┌──────────┐
│  丧失斗志  │ ⇒   │  技能荒废  │ ⇒   │ 体能与思维能 │
│          │      │          │      │   力退化   │
└──────────┘      └──────────┘      └──────────┘
```

最可能发生的就是斗志的丧失，得过且过。而他所拥有的专业技能在长期荒废之后，将不可避免地产生生疏乃至遗忘的情况。我们甚至可以再想远一些，如果这种模式扩展到专业能力者生活的各个领域，又会产生什么后果呢？最可能的一种就是他的体能和思维能力退化，变成一个毫无价值的寄生者。

◆某些专家认为，自动化的普及将会降低人类的智能水平，人类会像电影《机器人瓦力》中表现的那样，沉浸在幻想的虚幻世界中，甚至肥胖到无法行动。

这听起来似乎令人毛骨悚然，然而其可能性却真实存在。而且当人类真的开始丧失专业技能，变得只能依靠人工智能的时候，还会出现新的风险。

电子病历具有快捷性、专业性等特征，很受医院和医生的欢迎。

它的出现，使医学开始向程式化方向发展，能够为医生提供很好的助力。但是与此同时，它却具有较大的局限性，比如缺乏人性化的检查技能和批判性思维。而在这种情况下，如果医生本身不具有较强的专业判断能力，那么误诊的可能性就会大大增加。

📢 面临上述情况，我们又该如何去做呢？

其实方法很简单，就是将人的作用添加到自动化的进程中来，强调"以人为中心的自动化"。在飞机的飞行过程中，设定为系统和飞行员不断转移操控，减少系统的操控时间，以此来保持飞行员的警觉与专业特性。与此同时，还能够使两者间产生更好的优势配合，大大提高飞行安全。而在某些专业领域，如会计、医疗等，系统也无需侵扰过多，而应该留给人类更大的实践空间，人类以此来做出专业化判断，然后根据系统的判断进行参考修正，而不是一味地听从系统的建议。这对于保持人类的主观能动性和提高人类的专业技能具有极大的作用。

8. 注意！提倡个性，消除机械模式

随着人工智能和机器人技术的不断发展，已经有不少机器人开始活跃在我们的周围，例如扫地机器人、娱乐机器人、搬运机器人、厨师机器人等，它们

作为机器人中的重要品类，已经成为社会生活中不可缺少的组成部分。在机器人发展前景一片大好的同时，机器人同质化的现象也越发严重。

1 外观相似　　　功能相同 **2**

这种现象对于提倡人人个性化的互联网时代来说，无疑是一件很不合时宜的事，而且容易引发广大用户的不满。如果我们想改变这种局面，使其得到有效地扭转，就要注重机器人的个性化发展，并积极提倡个性模式。

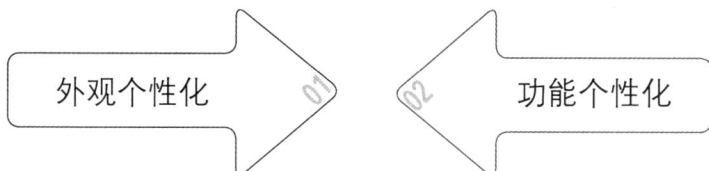

外观个性化 01　02 功能个性化

外观个性化

如果我们想令机器人给用户留下个性化的第一印象，就要注重外观方面的特色设置，以此来产生先声夺人的良好效果。

> 科沃斯公司的地宝系列产品，就改变了以往相同外观的面盖图案，开始使用个性化图案。只要用户上传规定尺寸的图片，就可以享受个性化图案设计服务，不论是人气偶像、动漫角色或文艺作品，都可以在机器表面得以轻松实现。
>
> 英特尔推出的 3D 打印机器人套件也是一种很有趣的个性化经营模式。这种模式能够支持用户下载打印机器人零部件，并进行组装，它除了可以满足用户的个性化需求之外，还能够提高用户的参与感和互动性，从而提高他们对产品和服务的相关体验和评价。

功能个性化

对于不同家庭来说，他们对于服务机器人的功能需求各不相同。

◆有些家庭喜欢养宠物，因此需要能够轻松吸收宠物毛发的功能。

◆有些家庭不喜欢拖地，于是就希望机器人能够具有渗水抹布模块，可以提供拖地服务。

◆有些家庭户型较大，所以需要机器人具有大容量的电池。

这些不同的功能性需求同样体现了用户的个性化需要，我们可以根据不同的需求，为用户提供个性化定制服务，以此来满足用户在不同环境下的不同需求。

除了家用机器人领域之外，智能手机的个性化定制也成为未来的重要发展方向。在现阶段，智能手机中具有大量的功能，而被用户使用的不过在 10% 左右，而且在生产环节中，智能手机依然处于批量生产阶段，用户的个性化需求无法得到技术层面的有力支持,这使得消费者的手机定制需求无法得到满足。当然，随着技术的不断发展，人工智能与互联网、大数据等新兴技术的联系不断加深，在不远的未来，这种情况将得到有效扭转，用户对智能手机在外观和功能上的个性化需求都将得到最大程度上的满足。到了那个时候，绝大多数人都可以根据自己的愿望，得到一款独一无二且适用于自己的个性化智能手机。

9. 机械的禁区——创造力

这一节我们来谈谈人工智能的禁区，也是人类的特殊能力——创造力。

首先我们可以想一个问题，那就是人工智能能够做到哪些事情？

当然有很多。例如，分辨人类和动物的面孔，与人类进行友好的互动交流，制造美丽的图像等。而在制作图像方面，它甚至可以对艺术家的风格进行模拟，创造出令人拍案叫绝的艺术作品。然而，如果我们从艺术的本质来看，就会发现一个事实，那就是真正伟大的艺术作品往往具备使人产生共鸣的能力，而其中的关键则在于艺术想象力与创造力，但是机器却明显缺乏这方面的能力。

例如，人们在看到忙碌采蜜的蜜蜂时，可能会发出"为谁辛苦为谁甜"的感慨；人们在看到燕子在屋檐下筑巢休息时，可能会感受到一种安逸舒适的居家情怀。而机器人却不会产生类似的感想，在它们眼中，看到的只是蜜蜂采蜜和燕子筑巢。

为什么这样说呢？因为艺术创造力其实是一种很复杂的能力，它需要艺术载体同时具备两个不同的要素。

1

将已知的要素融入到全新的情景当中。

2

具备某种强烈的感情，如同情、兴奋、愤怒等。

可惜的是，对于这两个要素，人工智能一个都不具备，所以我们可以基本认定，人工智能到目前为止并未出现创造力，而且在相当长的一段时间内，创造力都将成为机械的禁区。

对于机器缺乏创造力的事实，很多专家也表示支持。

◆牛津大学计算机专家迈克尔·奥斯伯尼认为，严格的规则性和逻辑性是人工智能的重要特点，而这种特点与创造力的特质大不相同。

◆美国卡内基梅隆大学计算机专家肯·戈德伯格则表示，机器人可以做到绘制图画，但是却缺乏艺术家的创造性特质，它们对于绘画技艺的细微生动之处根本无法做到有效理解。

从专家们的话中我们可以看出，机器并不具备产生创造力的技术基础和情感条件。

然而，尽管机器人缺乏创造性，但是它却能为人类的创作灵感提供更好的基础性条件。之所以这样说，是因为我们可以通过电脑和自动化机械，从重复性强、机械化的工作中脱身，进而去做具有创造性的各类工作。

当我们产生一个新想法的时候，我们可以在网上进行相关搜索，如果发现类似的想法已经出现，我们就可以另辟蹊径，去做一些其他的创造性工作，从而避免与他人的想法"撞车"。

除此之外，机器人还可以利用更为直接的方法帮助人类进行创造性工作。

奇特的"电子花园"

通过互联网展开远程操控的机器人"电子花园"，其实是一个同时具备数码相机、播种系统以及浇灌系统的工业机械臂。用户不仅能够通过联网观赏"电子花园"，还可以通过操作系统在花园内部进行播种和灌溉。

随着技术发展速度的不断提升，大数据、云计算、机器人等领域产生了越来越多的交集。在这种情况下，机器人可以通过联网和共享数据，有效适应更为复杂的环境，帮助人类从事更多具有创造性和挑战性的工作。从目前机器人的发展态势来看，它依然处于初级发展阶段，其中有很多技术壁垒依然存在，亟待研究突破。在相当长的一段时期内，机器人还无法具备一些人类具有的能力，比如自我判断能力、一般性学习能力等，其中就包括最为重要的创造能力。

10. 冷热对抗：理性还是感情

2016 年 2 月 14 日，对于谷歌开发的无人驾驶汽车来说是一个较为特殊的日子。就在这一天，无人驾驶汽车打破了"零责任"的纪录，发生了第一场交通事故。其具体过程是：无人驾驶汽车正在路面正常行驶，发现前方出现一个沙袋阻路，于是无人车打算向左侧车道行驶，避开沙袋。然而此时左侧车道有一辆车飞速驶来，与打算换道的无人车撞个正着！

此事乍看之下似乎没什么，然而如果我们对其中的道理进行深究，就会发现无人驾驶汽车存在着很严重的缺陷。其中很重要的一条是，无人车没有避让意识，它的行动完全基于路面情况和交通规则，如果面对一些突发情况（如对方车辆抢道等），并不能做到随机应变，反倒会使自己（包括内部的乘客）陷入危险的境地。

此次事件的发生，引发了很多人的深思。人们普遍认为以无人驾驶汽车为代表的弱人工智能技术还存在着很大的安全隐患。然而，这种隐患却在短期内很难消除。因为这是由弱人工智能的本质所决定的。

在如今这个时代，人们对人工智能的研究其实就是在模仿人类的"智能"，这些程序没有自我思考和自我认知的能力，实际上开发者也没必要甚至没能力使人工智能拥有这些。人们真正需要的，是人工智能可以按照设定好的程序，完成既定的任务。

但是，问题也恰恰出在这里。因为不具备感性的、灵活的思想，所以程序只会做机械的、符合逻辑的判断，而不会通过那些看似错误的选择，从而达到最有利于自身的目的。

　　一辆小汽车正在行驶，前方忽然迎来一辆失控的大卡车，此时左边有一条小路可供小汽车闪避，然而小路上却有一辆车停在那里，只有撞上去才能避免惨烈车祸的发生。但是，小汽车却配置了防撞智能程序，程序自动判断不能与小路上的车相撞，于是紧急刹车……

上述情况当然只是假设，但它却很有可能会发生。到了那个时候，呆板的程序无疑会给人类带来重大的损害。因此，弱人工智能需要受人类的精确控制，在可能发生的灾害之前，我们必须掌握关掉它的方法。值得庆幸的是，这对于目前的技术来说是完全可能实现的，也是目前人工智能界重要的研究和发展方向。

还有一种情况更值得我们警惕，那就是还未实现的强人工智能。强人工智能可以做到什么呢？它拥有不低于人类甚至超过人类的智力，可以进行自我判断和自我学习。这些特征能够保证它处事的灵活性，并使它做出最有利、最安全的选择，从而避免上述安全事故发生的可能。但是，它的实现却有可能带来更为严重的危机，因为彼时它依然无法理解人类的价值观、感情、道德等因素，在为人类提供帮助时，它可能会根据自己的判断，选择最为有效却最无人性的方式。

除了上述情况之外，人工智能还可能在未占据绝对优势时，选择掩饰其真实企图。

> 例如，在竞赛中故意输给人类，或是故意不通过某些本该通过的测试等，以此来消除人类的警惕心，然后选在未来的某一时间点（人工智能占据绝对优势时）突然爆发，毁灭人类。

当然，这些东西在目前来说只是幻想，但是当技术发展到某种程度的时候，它却很可能会成为现实。到时我们面对的，就是涉及生存的严重威胁。所以，在人工智能技术快速发展的同时，我们还需注重自我的开发，尤其是在机器难以触及的创造力方面，更是如此。因为只有这样，才能使我们的认知水平不断提高，保持对机器的足够优势，从而将能够关闭机器的"控制器"紧紧抓在手里。

11. 让设计与艺术接轨，世界会更美

在 2016 年第 58 届格莱美颁奖典礼上，著名女歌手 Lady Gaga 携手 ABB 生产的 IRB 120 机器人，为观众奉献了一场视听盛宴。而 IRB 120 充满现代美感的外观和劲爆的跳舞动作，更是引发了无数人的惊叹，使人们感受到了技术与艺术的融合之美。

其实，我们在很多影视作品中都看到过类似甚至超过 IRB 120 外形和性能的机器人，并对这些符合我们审美观的机器人充满好感。但是在真实的生活中，将机器人外形做得很酷的情况却很少，因为企业和研发者需要从功能和成本等角度，对机器人产品进行综合性考量。

然而在对机器人进行外观设计时，企业家和设计师的观点不尽相同。

对于企业家，尤其是创业型企业家来说，机器人外观设计需要大量的资金投入，再加上后续开发费用，无疑是一笔不小的开支。而这笔开支却往往无法取得应有的回报，所以并不划算。于是，他们就开始自己开发设计机器人的外观，以此来节省设计费用，最终的结果就是造出一些外观不协调、瑕疵较多的机器人，很难赢得消费者的好感。

设计师则走上了另外一条路。他们执着于机器人外观上的协调与美观，却极少考虑相关开发成本，于是往往造成成本失控。因为设

计师对于机器人开发链条来说是上游环节，上游成本控制不佳，下游开发环节的成本将变得更为巨大。

上述情况其实就是企业家和设计师的争论焦点，他们任何一方都无法完全抛开另一方，因为这将带来不良的后果。但是在两者进行合作时，双方却各有顾虑，无法完全信任另一方。

> 例如，设计师不计成本的做法对于企业来说是不可容忍的，因为从盈利的角度来说，这种太过注重外观的开发模式，很可能带来入不敷出的局面，从而为企业的经营带来负面影响。

其实，这不过是因为缺乏沟通造成的。

企业家应当认识到，对于面向最终消费者的机器人产品来说，外观的重要性不言而喻。因为大众对于符合自身审美观的机器人总是情有独钟，仿人机器人的火热就是这种情况的最好体现。

而设计师也应当认识到，企业尤其是创业型企业，追求利润才是其最终目标，外观设计是为了帮助产品更好地凸显功能，以及帮助企业更好地卖出产品，而不是单纯为了制造艺术品。

当然，在设计风格方面，每个设计师都具有自己的特色，他们应当根据企业、产品的特征和目标使用人群进行合适的匹配，就像下面的例子中所表现的那样。

早教机器人

早教机器人面对的对象是 3 ~ 10 岁的孩子，而购买群体则是 20 ~ 30 岁的年轻父母，因此，怎样使机器人的外观更符合年轻父母的审美，同时令其更易被孩子们接受，才是设计师们真正需要做到的事情。而从这方面来说，设计风格更能体现出童趣的设计师，才是最好的设计人选。

除此之外，局部外观的设计也是企业家和设计师进行合作的重要方面。

◆当企业需要着重突出机器人的某一部分特征和功能时，设计师就可以在该部分进行着重设计，然后使机器人的整体风格配合局部特质。

这种设计方法可以在一定程度上凸显产品的差异化，从而提高产品在目标市场上的竞争力。

总而言之，以下两个条件应当同时被满足：

1

企业注重产品的外观设计，使其能够更好地被消费者所接受。

2

设计师站在企业的角度进行考虑，适当牺牲产品外观以凸显功能性特征。

只有这样，企业和设计师才能做到优势互补，使相关机器人产品同时具备文化性和盈利性的双重特质，从而使艺术真正与设计进行接轨。

12. 不容忽视的群体智慧，这一次很不一样

　　什么是群体智慧呢？有人认为是众筹、众包或者民意调查和市场预测所显示出的结果。但是这些却并非真正的群体智慧，充其量不过是很多个体意见或思想的相加汇总。群体智慧是指很多互相联系的个体组成群体，在互通有无、信息共享中实现群策群力，进而产生决策的系统。在这个系统之中，统一决策明显优于所有个体之和，产生了 1+1>2 的效果。我们也可以认为，此类系统是一种在所有个体智慧之和基础上的涌现，这种涌现是任何一个个体都无法做到的。

　　有一种单细胞有机体叫做黏菌，它的构成非常简单，但是却有一种神奇的功能，那就是纷纷集合在一起（往往是数以百万计）形成一个统一体。这个统一体拥有超越任何单体的智慧，可以在林地寻找适合自己的食物。据日本北海道大学的专家研究发现，此类黏菌统一体可以在迷宫等复杂环境中，找到自己与食物之间的最短路径，从而做到高效摄取食物。这其实就是一种集体智慧的典型展现。

若想实现群体智慧的涌现，就要达到以下三个条件：

1 连接：群体中所有个体产生连接，互相之间知道对方的存在，也知道自己和对方都属于一个群体。

2 流动性：个体彼此间能够实现互动交流，产生物质、情感以及信息上的传递。

3 多样性：群体中的个体能够产生独立的判断，以此来保证群体的多样性特征。

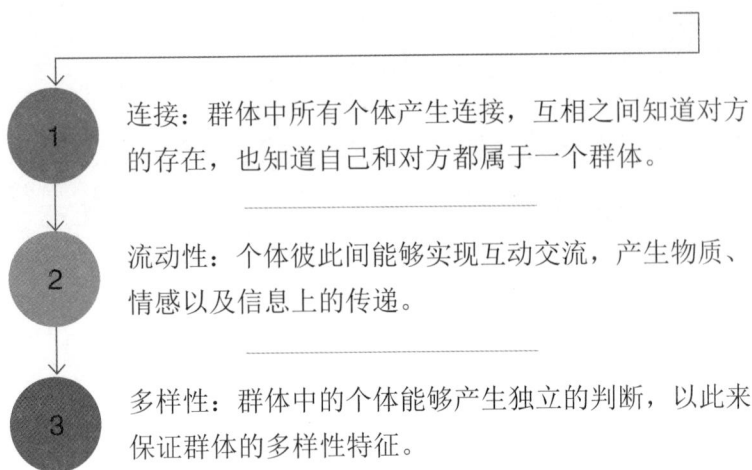

而在机器人时代，群体智慧又产生了全新的内涵，它不仅强调人类与人类之间的联合，还强调人类与机器人，甚至是机器人与机器人之间的联合。而这些全新的联合，在未来同样有机会产生全新的群体智慧。

人与人

在未来的发展中，由很多具有创造性的团队成员进行合作，无疑是群体智慧的重要表现形式。尤其是随着移动互联网的快速发展，远程实时互动越发方便，个体之间的交流沟通更为便捷，这些都为激发群体智慧创造了很好的基础条件。而随着虚拟现实技术等智能技术的发展，更是为人与人之间的交流沟通方式带来了很大的变化，人们很容易在新技术的支持下开展更高效的群体互联行为，进而产生更强的群体智慧。

人与机

随着机器人应用范围的不断扩大，很多服务型机器人开始出现在我们的视野之中。但是在人机协作方面，它们的表现只能说差强人意，还未达到我们理想中人机协同、互补配合的良好效果。而在机器人技术的未来发展中，如何改进人机互动，并促使人机间建立新型的连接，产生优化的群体智慧，就成为发展机器人产业和推动社会进步的重要因素。

在这种理想化的人机连接中，不仅是局限在传感器和人工智能技术上面，如语音识别、动作识别以及表情识别等，还可能随着人脑研究的加深和相关技术的发展，做到脑波的传送和识别，从而达到脑机连接的神奇效果。

◆上述连接将模仿蚂蚁等生物在群体生活中，通过信息素进行沟通交流的方式，产生与以往完全不同的高级群体智慧。

机与机

我们不妨再想深一些，如果抛开人类的参与，机器人与机器人组成群体，可以产生群体智慧吗？这并非是天方夜谭，而是正在得以实现的事实。

◆水下机器人 CoCoRo 的外形和行为类似于鱼群，可以在水下环境中进行交流沟通，并对周围环境进行监测，从而产生一个能够对环境进行感知的认知系统。

◆有一种神奇的 BEECLUST 算法，它是由科学家在观察蜜蜂的群体生活方式后产生灵感，然后开发出来应用在机器人身上的。

这些东西并非真正意义上的机机联合，也无法产生群体智慧，但却是一个重要的信号，说明科学家正在研究机机之间的联合互动技术。而随着技术的不断发展和认识领域的进步，也许在未来的某一天，我们真的可以看到由机器人组成的团队，并从它们身上感受到神奇的群体智慧。那将是一件十分值得我们期待的事情。

13. 关键认识：人类是第一序列机器

如果我们把人类与机器等同起来，甚至说人类是第一序列机器，听起来似乎有点奇怪，乃至于荒谬。然而如果我们对人类创造人工智能机器人的动机进行仔细分析，就会发现这个论点十分合乎情理。

人类希望找到一个平等对话的伙伴

不得不说，在地球范围内，人类实在是太寂寞了。不管是植物、动物，还是其他生物，都被人类的智慧所征服，处在了一个被支配的地位上。世界上没有任何一种生物能够与人类进行平等对话，因为它们根本无法理解人类的智慧，双方所站的层次完全不同。"对牛弹琴""鸡同鸭讲"等词汇，就是对人类此种寂寞心情的某种体现。

于是，随着人类科技的不断发展，寻找同等的伙伴就成为我们孜孜以求的重要事情。而其中主要有两件事体现出我们为此做出的努力。

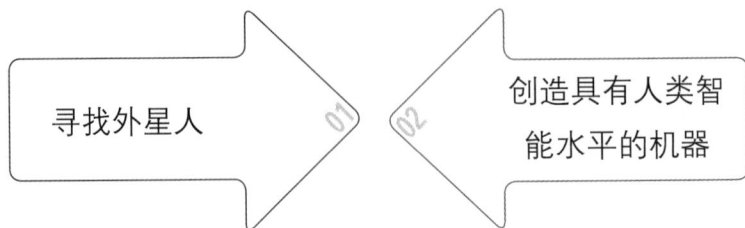

寻找外星人　01　02　创造具有人类智能水平的机器

第一件事很复杂，暂且不论。我们现在主要做的就是第二件事，那就是创造出一个能够与人类进行平等对话的机器伙伴。

人类想探寻自身智能的形成过程

人类为什么拥有智能呢？这是令很多专家费尽心力也无法解答的问题。正是因为无法解答，所以使人类充满了好奇心，产生了无比的诱惑力。但是，如果只是对人类的智能进行单独研究，其中涉及太多模糊不清，甚至我们根本无法理解的事物，很容易使相关研究长期陷入停滞状态。而随着计算机等现代技术的发展，人们发现可以通过一个替代物，达到对人类的思考方式、学习能力进行机械化模拟的效果。于是，人工智能应运而生。

我们不应该将人工智能仅限在科学领域，它实则包罗万象，甚至涉及哲学、心理学等高深学问，而其本质就是创造出一个具有人类思维能力与认知能力的机器生命，并对人类大脑的发展过程进行一次重塑。所以，如果智能机器人技术真的得以实现，那么出现在我们面前的，很可能是另一个自己。

人类需要通过机器人技术来弥补自身的不足

人类作为万物之灵，地球上的统治者，还有什么不足吗？当然有了，还有很多。

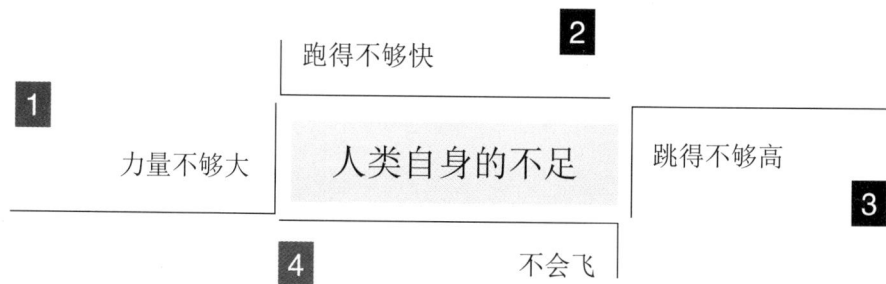

跑得不够快　**2**

1

力量不够大　人类自身的不足　跳得不够高

3

4　不会飞

当然，这些不足可以通过机器来实现，但是对于我们自身来说，除了傲人的智慧，我们所拥有的，不过是一副孱弱的身体。

但是，以下机器人技术的发展却能改变上述情况：

名称	实际效用
仿生机械手、人体外骨骼装甲	帮助人类轻松举起重物，改善人类在身体硬件条件上的不足
植入式芯片	帮助人类储存数据，并对很多电子设备进行操控，提高人类的思维与控制能力
人造心脏、人造肾脏等人造器官	替代人类的病变器官，使人类的身体变得健康
增强型半机械人	提高个体人类的功能水平，被认为是制造"超人"的可能途径

　　与其说我们在开发智能机器人，不如说我们在开发另一种形式的自己。因为无论是任何形式的机器人技术，归根到底都是在模仿人类的行为方式和思维方式，并不断弥补人类自身的不足。也许，当真正的智能机器人出现在我们面前时，我们会感到无比的熟悉，因为那就是另一种形式的、更高等级的人类自己！

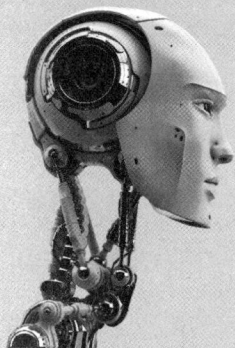

Chapter
06

模因革命：
为机器人注入自我控制的
感性因子

我们总是在担心机器会失控，很多名人也发表了不同的"机器威胁论"，提醒我们警惕智能机器可能带来的威胁。而媒体中不时报道的"杀人机器人""战争机器人"等信息，更是加重了人们对于机器人的此类担忧。其实，人们对于机器人的警惕和不信任，其根源还是在于机器人并不具备人类的感情，也不受人类价值观和道德观的影响，而偏偏其智能水平却在不断提高，甚至有超过人类的可能。这就好像是一个肩抗原子弹的小孩子一样令我们感到恐惧，因为这个小孩子没有善恶观与是非观，决定他是否释放原子弹的理由，也许仅仅是其偶然兴起的一个念头。

那么，针对上述可能发生的情况，我们应该如何解决呢？一个重要的途径就是为机器人注入感性的因子，使其发生一场模因革命。何谓模因？就是指一切后天环境和情感上的影响，比如让机器人像人类一样知道感恩、知道帮助别人、知道哪些行为违反了道德和法律等，这些都属于模因的范畴。

而这个过程可能会很漫长，也具有极大的难度，但这种努力无疑却是值得的。因为只有做到了这一点，我们才能将那些未来可能发生的威胁扼杀于无形，创建一个人与机器人和谐共处、共同进步的美好世界。

1. 飞跃式科技的迷惑，馅饼还是陷阱

随着机器人和人工智能技术的不断进步，我们的工作和生活变得越发便利高效。家庭服务机器人、餐饮机器人、工业机器人、医疗陪护机器人开始出现

在社会的各个角落，不但带来了更高的生产效率和产品产量，还为我们提供了多样化的服务体验，使我们切实感受到科技进步带来的好处。然而，科技的飞跃式进步所带来的并非都是积极影响，它在发展过程中同样体现出消极的一面。例如以下一则关于机器人的事故：

2015 年 2 月，一位韩国女士正睡在地板上，而家中的清扫机器人却将女士的头发吸入了机器。这导致女士立即拨打电话求救。

这场事故的发生，使很多人开始思考机器人技术的安全性问题。

实际上，机器人技术对人类的威胁不止体现在人身安全方面，它对于人类隐私的威胁同样令人担忧。

我们很容易将自己内心最深处的秘密告诉人形机器人，它们可爱的面庞看起来是那么单纯，那么容易让我们相信。

专家解读

在日常生活中，人们对于外形可爱的仿人机器人和具有人类特质的人工智能程序总是缺乏必要的警惕，因此很容易将自己的秘密和隐私信息告诉它们。殊不知这些机器人的背后很可能隐藏着一些心怀恶意的远程操控者，而当这些信息被人类操控者获取后，将很可能给信息泄露者带来名誉和利益上的损害。

此类事情并非是杞人忧天，而是真实发生在我们的社会生活中。

在移动社交软件 Tinder 中，存在着人类假扮机器人的情况，这些"伪机器人"经常利用用户的信任，骗取用户的私人信息，如信用卡信息等，然后通过此类信息侵害用户的经济利益。

此外，"隐形男友"服务也是一个很好的例子。它通过按月付费，可以模仿人类恋人发送恋爱文本。但是在实际运作上，因受到技术水平的限制，它并未实现全面的自动化，还需要借助人工的力量。而这种极具迷惑式的运作方式，很容易增加用户泄露私人信息的风险。

当我们面对一些类似人类的机器人和人工智能程序时，尤其要保持一种谨慎的态度。一些趣味性的测试和对话当然可以展开，但是不能涉及自身隐私信息，如相关证件号码、电话号码、家庭住址等，因为我们不但无法确定对方到底是人还是机器，而且无法得知当对方收集到我们的信息后，会据此展开何种行动。此外，随着机器人联网程度的增强，我们透露出的信息很可能以极快的速度散布网络，从而造成不可弥补的损失。

那么，到底怎样做才能在最大程度上避免此类情况的发生呢？

1 与机器人划清界限，不能和它们产生类似于朋友的倾诉欲望和信任感，以免造成信息泄露。

2 创建以监察控制机器人行为为主体的机构。这个机构应该类似于消费者保护协会，可以对隐藏在机器人背后的不法分子进行打击，并规范机器人市场中不健康的行为。

如果上述目标能够得以实现，在我们的正当权益受到机器人技术的侵害时，如身体损伤、信息泄露等，我们就可以向此类机构进行申诉，以此来维护我们的权益，从而避免陷入到类人机器的陷阱之中。

2. 甄别机器人的"极限点"

随着机器人技术的不断发展，人们对于智能机器人的期许正在不断加深。很多人认为机器人技术在未来的二三十年中，将会迎来突破性的进步，具有人类智能水平的机器人将在那时出现。然而，实际情况却并非如此。受限于人类现有的技术条件和认知水平，机器人技术还存在着很多发展上的壁垒，我们可以将这些壁垒看作机器人发展中的"极限点"，如果无法有效突破这些"极限点"，那么达到人类水平的智能机器人就不可能出现。

现在，我们就来看一看这些机器人发展中的"极限点"。

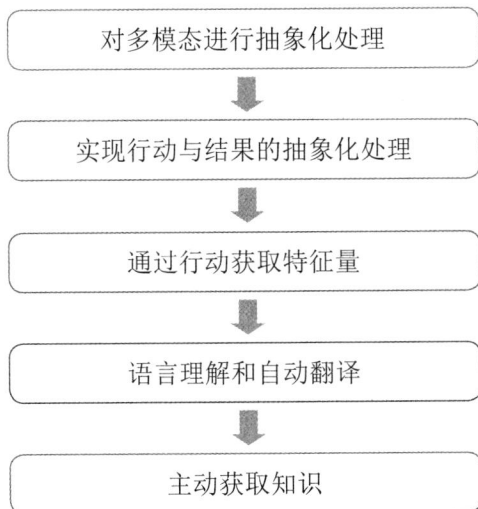

```
对多模态进行抽象化处理
        ↓
实现行动与结果的抽象化处理
        ↓
通过行动获取特征量
        ↓
语言理解和自动翻译
        ↓
主动获取知识
```

对多模态进行抽象化处理

所谓多模态，就是指多种感觉（如视觉、听觉、触觉等）组合成的综合形态，系统应该能够识别这些信息，并对它们进行抽象化处理。

人类和智能系统分辨"猫"这一事物

对象	过程
人类	看猫的外貌、动作，听猫的叫声，感受接触时的相关触感 得出结论：这是一只猫
智能系统	对猫的图像、音波等特征量进行分析，并通过压力传感器的时间序列变化模拟出"触觉"，做出综合化分析 得出结论：这是一只猫

实现行动与结果的抽象化处理

我们从婴儿时期，就在不断做着各种动作，如抓、扔、拽等。而通过这些动作，我们才理解了"搬运物品""推动椅子"等相关概念，这就是一种以重复行动获取认知结果的过程。

机器人也需要经历这一过程，它们需要亲身参与到行动过程中，并不断尝试，才能得出正确的抽象化理解。

例如，机器人推动一个物品，用一半的力量太小，推不动；用全部的力量太大，会失控。通过不断的实验，机器人就会认识到使用多大的力量才是合适的，进而使用适当的力量去推动物品。

通过行动获取特征量

在机器人不断的行动过程中，它们会得出一些经验性的结果。

机器人的"握杯子"实验

实验名称	力度	结果
	1	掉落摔碎
机器人"握杯子"	2	不会掉落，也不会捏碎
	3	捏碎

通过不断的实验，机器人会得出 2 的力量比较合适的结论。但是当机器人技术进一步发展，它们还会从行动中提取出抽象化的特征量，例如在握杯子的过程中，通过杯子掉落摔碎和被捏碎，得出杯子"易碎"这一概念，并推广到"易碎"和"不易碎"这一组对立统一的概念之中。

当机器人做到了这一点，它们就好像人类总结经验得出"窍门"一样，能够从行动中得出抽象化概念。在这个时候，它们的认知能力和对环境的适应能力就会得到增强，其智能水平就将达到一个新的阶段。

语言理解和自动翻译

关于自动翻译，我们经常在网络上遇到，比如一些英汉翻译类程序，可以实现英语和汉语之间的双向翻译。但是，这些程序却远远未达到智能化水平，因为它们缺乏对于语言概念的理解，只是通过机械呆板的翻译，流于表面形式，在很多时候甚至会出现严重的谬误。

如"斑马"这一词汇，如果机器具有一般化概念，那么只要我们告诉它"有斑纹的马"，然后当它看到斑马时，它就能在第一时间识别出来；而如果没有此类一般化概念，机器的理解就很有可能会出现偏差，比如将"斑马"理解为身上画着斑纹的马，甚至搞不清"马"的概念，把老虎当作斑马。

因此，当机器人在对人类的一般化概念进行理解之后，其翻译的水平也将直线上升。通过不断的实验试错，它们甚至可以根据语境、各国习俗文化进行恰当的翻译。这将是人工智能与机器人技术发展的又一个里程碑。

主动获取知识

自主获取知识

当机器人能够充分理解人类的语言和文字时，真正的学习就开始了。我们可以认为此时的机器人内部产生了一个"模拟器"，一旦从中输入知识和信息，机器人就可以在"模拟器"中再现出一些情景。这与人类读书时产生联想是一样的道理。在这个时候，机器人会以极快的速度吸收人类所有的知识，并对这些知识进行充分理解，做到举一反三。

其实，上述五个"极限点"具有一脉相承的历史关系，需要我们按照时间顺序来依次突破。而所有"极限点"的中心便是"特征表示学习"，也就是从一般化的行动中得出抽象化的结论，这将是实现机器智能化的重要基础。随着技术的不断发展，我们有理由相信，当以上这些"极限点"将被人们不断攻破时，机器人会达到甚至超过人类的智能水平，而智能机器人时代也将真正到来。

3. 打破传统束缚，跨越理性障碍

机器人技术迅猛发展的现在，人与机器人正在建立一种全新的联系。也许在不远的将来，我们会将决策的权利下放给具有高度自主性的机器人，令它们

来替我们做决定。其实，这种趋势已经初现端倪，例如无人驾驶汽车、手术机器人、战争机器人等，很多行业都已经开始出现具备部分决策功能的机器人，而随着相关技术的不断发展和完善，这个过程还将进一步加快。

但是，在自动化的进程中，机器人却并非全部向着好的一面发展，它在实际应用的过程中，还出现了一些因过度理性所造成的应用障碍。

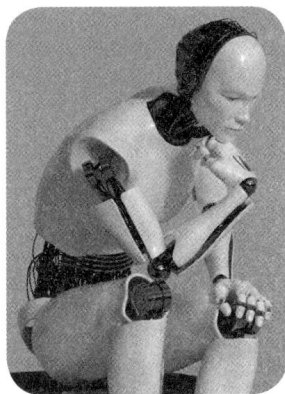

理性的机器人

过度理性缺陷的具体表现

1 机器人不能辨别阴影

2 机器人不能分辨立体图形

3 机器人无法凭借人们的面部表情弄清人的真实情绪

著名计算机专家唐纳德·克努特说：

人工智能已经在几乎所有需要思考的领域都超过了人类，但是在那些人类和其他动物不需要思考就能完成的事情上，它还差得很远。

这一点其实不难理解，因为机器人在开展工作时往往需要人类的编程，也就是将其事先要做的工作通过程序输入到机器内部。然而问题恰恰因此而来，其中很重要的一点是，我们无法预测出可能出现的所有情况，而当这些突发情况真的出现时，机器人则会因为程序上的缺失和逻辑上的错误，发生无法判断或错误判断的情况。

> 在医疗领域中的手术机器人，随着独立性和智能水平的增强，将承担更多的手术任务。但是从现在的发展情况来说，这些机器人还必须操控在医生手中，因为它们并不具备处理突发事故的能力。

而若想解决这种情况，就需要采取以下步骤：

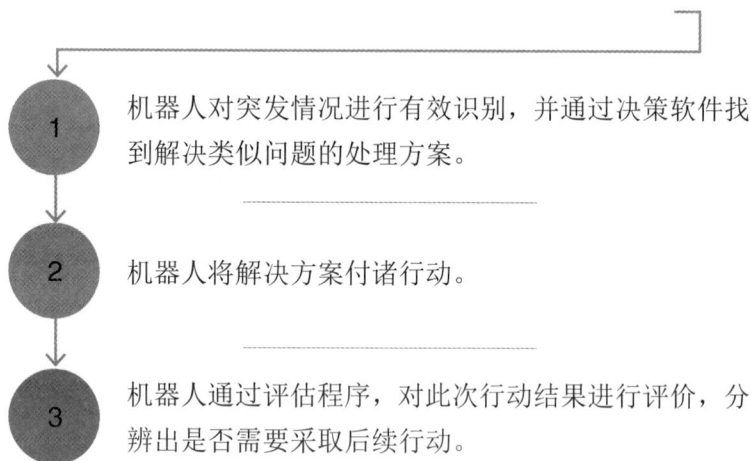

1 机器人对突发情况进行有效识别，并通过决策软件找到解决类似问题的处理方案。

2 机器人将解决方案付诸行动。

3 机器人通过评估程序，对此次行动结果进行评价，分辨出是否需要采取后续行动。

上述步骤对于现有的技术条件来讲，将是巨大的挑战。

而且，绝对的理性往往代表着绝对的僵化，这对于一些瞬息万变的实际情况来说，并非好事，甚至可能会带来灾难。

当无人驾驶汽车遇到突然出现在面前的行人时，它会怎么办？

正常应对方案：立即停车。

我们知道汽车在行驶过程中是有惯性的，即使刹车十分及时，也要滑过一段距离，而这段距离则意味着将行人撞伤，甚至撞死。那么，我们再设想是人类驾驶的汽车，假设人类司机在面对同等情况时反应及时，那么他会做出何等选择？

人类司机应对方案：闪避到其他车道。

这种做法会违反交通规则，但却有很大可能避免车祸的发生，挽救行人的生命。

问题就在于此，人类可能会通过违反交通规则来挽救生命，而机器则不会。它需要按照既定程序，严格遵守交通规则，即使这样做违反了事实上的"人类准则"。

那么，上述问题有没有解决办法呢？答案是有，但是这需要我们为机器人输入程序时，考虑到复杂多变的现实情况。

具有可行性的解决方案

在遵守法律的基础上，尽量将可能发生的情况添加进去，使机器能够认识到保护人类的生命和安全才是最重要的，并使机器人在面对复杂情况时，做出对人类有利的判断。

当然，上述方案只是一种设想，还存在很多操作上的难题。

怎样定位法律规则与现实情况，两者谁轻谁重

⬇

实现行动与结果的抽象化处理

⬇

当机器人遇到程序中的空白漏洞时，应该做出何种选择

这些问题都需要我们深思，并在实际的研究与应用过程中不断提出解决方案。

4. 自我反思：智能时代的机械伦理观

上一章讲述了机器人的过度理性所造成的现实障碍，这一章则来谈谈机器人可能涉及的伦理问题。对于机器人来说，执行预定程序是理所当然的事，但它们却不会考虑到在这一过程中对人类自由和正当权益可能造成的侵害。

涉及伦理学的机器人

机器人竟然涉及伦理学，乍听上去似乎不可思议，但它确实是一件正在发生的事情。以下便是一个机器人涉及伦理学的例子。

> 用来提醒人们按时服药的商业机器人 Nao，其在设计之初，就是为了使人们能够按时服药，避免遗忘的情况发生。但是在一些特殊的情况下，比如病人拒绝服药时，它会采取何种措施呢？很可能会是强制手段。

上述做法明显会对病人的人身权益造成侵害，因为它违背了人类的自愿性原则。针对此类问题，科学家们已经开始着手解决。

康涅狄格大学哲学家苏珊·李·安德森和她的丈夫哈特福德大学计算机学家迈克尔·安德森，就在为 Nao 机器人提供一些涉及触犯病人利益与相关冲突解决方法的案例，希望机器人能够通过机器学习，从这些案例中找到合适的解决办法。

商业机器人 Nao

但是，这种通过提供伦理解决方案，使机器人从中提取有用的知识，进而解决复杂伦理学难题的方法，目前还具有很大的局限性。因为我们不可能将所有可能违背伦理的情况全都考虑进去，而且有时会遇到人类也无法明确判断的情况。例如以下问题：

两个人同时掉入两个深洞之中，一个是大人，另一个是孩子，实际情况限制下，只能救出一人，那么机器人该救谁？

其实无论救谁，都会引发伦理问题。这就好像是令机器人在两个"坏主意"之间做决定，对于程序员和开发者来说，它将是一个巨大的难题。

斯坦福大学人工智能专家杰瑞·卡普兰认为，涉及伦理方面的原则很难被写入人工智能的程序之中，因为人类自己往往都搞不清到底该做何种选择。

专家解读

军用机器人争论

大众对于军用机器人有一个另类的称呼，叫做"杀人机器人"。从中可见人们对于此种机器人的警惕和不信任。实际上，军用机器人的广泛使用确实会引发很多伦理问题，如果得不到有效解决，甚至会给很多无辜的人造成伤害。

> 　　无人驾驶飞机正在执行轰炸任务，而我们给它的指令是轰炸指定目标，但是当目标区域出现了平民设施时，无人机该怎么办？人类可能会犹豫，但是机器人不会，它会忠实地执行命令，哪怕结果是对无辜的平民造成重大伤亡。

此外，军用机器人在战场上的表现也是一个值得我们忧虑的事。比如在以下两种情况下，无人机的选择往往会与人类的正当权益息息相关。

1 当无人机接受追逐敌军的指令时，它会不会对眼前受伤的友军视而不见？

2 当它接受歼灭敌军的命令时，它会不会对放下武器的降军大开杀戒？

上述情况无疑会造成严重的伦理问题，而针对此类问题，很多部门都在开展积极研究，希望能够找到解决方案。

美国国防部支持某科学研究部门设计了一个智能程序，目的就是使军事机器人遵守国际战争条约，其中有一个很著名的"伦理管理"算法，可以对射击导弹等任务进行可行性分析，从而决定机器人是否会按照既定指令行动。此类方法可以适当减少军用机器人带来的严重伦理问题。

其实，对于机器人伦理观来说，其中将涉及无数的难题。而在现有的技术条件下，最为适宜的做法就是设计规则约束系统，将符合大众伦理观的指令尽可能输入到机器人的程序之中。这样做当然并不完美，但却是目前最为适宜的办法，因为这种方法可以有效减少机器人伦理问题的出现，并很可能在不断发展完善的过程中，形成相对成熟的机械伦理观。

5. 机器选择：让人类自己来做决定

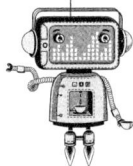

一些专家认为我们在对机器人的程序进行设计时，应当事先添加有关道德和伦理学的规则内容，使机器人能够在复杂的现实情况中，做出符合大众认知的选择。这种想法当然没有错，然而它却并不全面，因为此种做法并未考虑到人类的知情权和选择权。

以无人驾驶汽车为例，假设出现以下一种情况。

无人驾驶汽车高速行驶在道路上，就在进入狭窄隧道的前一刻，一个小孩突然出现在路中间。此时无人车有两个选择。

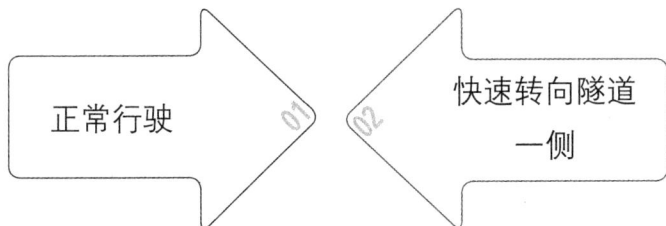

正常行驶 01　02 快速转向隧道一侧

第一种选择会导致小孩丧生；第二种选择会导致车内乘客丧生。现在试想一下，如果我们中的任何一人是那个司机，我们将会做出何种选择呢？

这种选择当然很难做，因为它涉及一个很深刻的道德问题，而且无论我们如何选择，总是会造成重大缺憾。但是，如果抛开如何选择不谈，其中将会涉及一个选择权的问题。具体内容是：汽车转向，还是撞过去，这个决定应该由谁来做？用户自己？立法者？还是生产厂家？

> 机器人道德倡议组织 Open Roboethics Initiative 根据上述问题做了一项社会调查。调查结果显示，大约有77%的受访群众觉得最终做决定的应该是立法者或用户自己，约13%的受访者觉得应由汽车制造商和设计者做出此类决定，而其余一部分人对此则没有明确表态。

其实，关于此类问题，医疗领域的知情同意书规则已经带给了我们重要的启示。在这个规则中，当必须做出医疗选择时，医生将会给患者讲解不同的治疗方案，从而使患者做出符合自身偏好和道德感的选择。当然，这种方法同样存在着一些消极影响，例如增加医疗过程决策的复杂性、加重患者的心理负担等。但是这种规则却是对患者身体和心理上的最大尊重，也是最为适宜的医疗决策解决方案。在今天，我们很难想象医院和医生在我们不知情的情况下开展一些决定我们命运的治疗活动。因为这是违法的，也违背了自由意志的要求。

再回到机器人身上，我们同样可以借鉴医疗领域的成功经验，引入知情同意书的规则。其中一种比较可行的引入方式，就是机器人厂家在生产产品之初，即在系统中植入各种可供选择的、相对合理的道德和伦理选项，然后供用户进行自由选择和设置。

同样以无人驾驶汽车为例。

> 我们可以在系统的初始道德选项中进行选择，如设定牺牲自
> 己保护孩子，或者设定一切以自保为先。只要这种选择合乎我们
> 自己的价值取向，它对于我们来说就是正确的，也是引发争议可
> 能性最小的选择。

推而广之，这种方法也同样适合其他不同种类的机器人，并能够避免很多
争议情况的产生。

当然，这种"机器人知情同意书"中的内容是需要进行限制的，它必须符
合人类基本的价值观和道德观。

◆如"挡路的是男人就撞过去"之类的选项就完全是荒谬的，
也是不该出现在知情书内容中的。

当然，引入"机器人知情同意书"是一个相当繁琐和复杂的过程，其中也
将出现一些新的纠纷和争议。但是它对于机器人产业来说，却是一个合乎情理
与法制的重要发展方向。我们应该认识到，机器人产业本身就是一个不断带来
问题、引发社会变革和思维创新的发展转变过程，而在这种转变中，我们不该
逃避，而是应该学会面对复杂情况，从复杂情况中寻找解决问题的方式方法，
做到技术和认知上的不断进步。

6. 人机交互规则：真实、个性化与理性沟通

　　迪士尼正在秘密设计一种全新的欢乐园。也许在不远的未来，当你带着孩子去迪士尼游玩时，遇到的就是这样的画面：你无需排队买票，因为迪士尼会为你提供一款名叫 MagicBand 的智能手环，你可以通过它在门口的仪器上进行认证，然后轻松地进入；之后一些童话中的人物，如小熊维尼、白雪公主、米老鼠，会主动迎上来向你问好，并与你做一场愉快的交流。而促成这一切变为现实的，就是神奇的人机交互技术。

　　所谓人机交互技术，就是指人与机器实现对话的技术。它是人工智能技术中的一个重要种类，从目前的发展状况来看，它还处在一个相对水平较低的阶段，存在着一些固有局限。所以，上述例子中的情况若想真正得以实现，还需要经历一个较为漫长的过程。

使用范围局限

　　在现有的人机交互领域，存在很多不同形式的交互方式，如体感交互、语音交互和眼动跟踪等，但是其中绝大多数使用率较低，并未在社会范围内得以普及，而是更多停留在试验阶段和专业领域。

一些具有单一领域局限的交互方式

交互方式	体感交互	动作捕捉交互
应用领域	游戏领域	电影制作领域
应用实例	虚拟现实设备	谷歌眼镜

界面交互局限

随着智能手机的普及，人类可以通过手指触屏，进行更为快捷的人机交互动作。但是从本质来看，智能手机交互与传统的 PC 端交互如出一辙，人类仍未摆脱智能设备的界面交互模式，只是换了一种表现形式而已。而彻底摆脱实体设备，实现虚拟化交互，从目前来看只存在于科幻电影之中。

信息识别问题

语音交互是人机交互技术的重要前进方向，但此类技术还存在着较为严重的信息识别问题，经常出现识别不清的情况。

> 苹果的 Siri、微软的 Cortana、谷歌安卓的 Google Now 等，都存在着信息识别不清的问题，在进行交互的过程中表现得比较木讷，很难引发用户的使用兴趣，目前更多是被用户看作是休闲娱乐的方式而已。

当然，上述三种局限虽然真实存在，但它们同样表现出令人期待的后续发展效果。从总体趋势来看，人机交互将会向着以下三个方向不断发展。

体贴入微

怎样才叫做体贴入微呢？其实说白了，就是以用户为中心，使系统随时能感知到用户的本质需求，对用户行为动机进行合理化分析，从而做出快速、及时、有效的反应。此类情况具有很多种不同的体现。

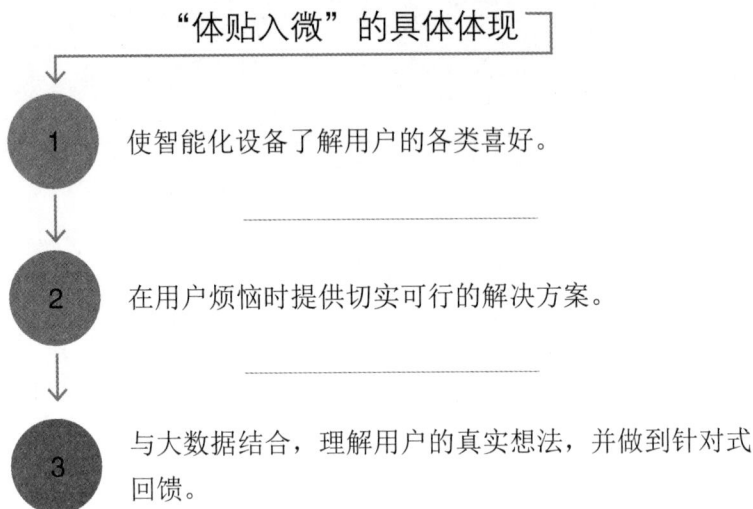

"体贴入微"的具体体现

1 使智能化设备了解用户的各类喜好。

2 在用户烦恼时提供切实可行的解决方案。

3 与大数据结合，理解用户的真实想法，并做到针对式回馈。

这些做法将会给用户带来足够的惊喜，使人机交互向着友好化、人性化方向发展。

个性化

在未来，智能化设备将不再设置密码，而是通过用户的个性化信息（如指纹、视网膜、心率等）来进行识别，从而保证人机交互的安全性。

在最为重视安全性的支付领域，个性化的支付方式也将成为重要的发展方向，这是因为在未来的技术发展中，智能设备很可能通过识别用户的特性信息（血液流速、DNA 等），来确认用户的身份，从而进行支付行为。这种方式无疑会在最大程度上保证支付的安全性。

全面感知

对于未来的人机交互方式而言，单独的交互形式，如语音、体感等，已经无法满足用户的体验需求，而将多种交互方式深度融合的综合化交互，将成为重要的发展方向。

当我们的脑海中产生热、渴或累的感觉时，智能设备就会快速感知此种需求，并做出针对性的应对措施，如调节室温、播放舒缓的音乐等。

上述情况的实现无疑需要一个较为漫长的过程，但是将智能设备与人类生物反应（思维过程、动觉等）进行同步，进而实现机器与人在心灵和情感上的互动交流，将是一种充斥着无数可能性的美好前景，其未来发展非常值得我们期待。

7. 疑惑与偏见：机器人融入社会的问题

假如有了机器人的陪伴，我们未来的生活是什么样子的？在科幻小说和电影作品中，我们常常看到的场景是：我们和长得像人一样的机器人生活在一起，它们帮我们去超市购物，替我们打扫卫生，甚至还会帮我们照顾孩子、陪伴老人……

然而，机器人融入人类社会的进程颇为曲折，它们曾经经历过人类的不理解与不信任。

如今越发火热的微软小冰，在2014年曾经遭遇微信封杀，里面的原因很复杂，但无法有效融入人类社群，被诸多社区成员恶意挑衅，从而引发社区的"混乱"局面，无疑是其中很重要的一点。

其实，随着智能化产品的不断涌现，我们已经迎来了智能化时代。智能家居产品、家庭服务机器人、娱乐机器人等智能化产品的发展，使机器人与我们生活的结合越加紧密。在这种情况下，如何使机器人顺利融入人类社会，并使人类将机器人视作社会中的正常一员，是值得我们深思的事。而在这一方面，无人驾驶汽车就是一个不错的案例。

我们在之前的篇章中其实已经谈了很多关于无人驾驶汽车的事情，以及有关它对人类带来的影响，其中既有技术方面的影响，也有伦理和道德方面的影响。除了以上两个方面的影响之外，无人驾驶汽车的发展还为人类社会本身带来了影响，其具体表现为它受到现有规则的限制，无法做到令多数人满意，从而使无人驾驶汽车很难真正融入到人类社会之中。

那么，这种限制无人车融入人类社会的规则到底是什么呢？它很复杂，也包含了很多不同的方面，其中较为重要的两点就是道路行驶规则和人类普遍认知的规则。

道路行驶规则

我们在道路上行驶时，往往会遇到一些很复杂的情况，而作为具有独立思想和随机应变能力的人类，我们在此时的选择往往显得缺乏理性甚至有些随机。

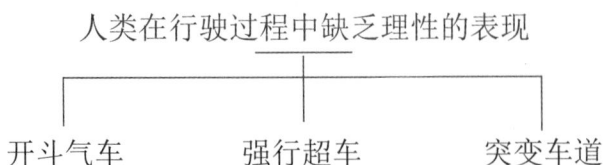

人类在行驶过程中缺乏理性的表现

开斗气车　　　　　强行超车　　　　　突变车道

除此之外，有些行人也可能出现不遵守交通规则的情况，需要我们及时进行闪避。

而以上这些情况对于以严格算法为基础的无人驾驶汽车来说，却是很难理解的。在这种情况下，它很容易做出看似正确、实则错误的选择，并引发一连串的后续影响。

人类普遍认知的规则

这一点更多来自于人类内心深处的偏见。

当无人驾驶汽车出现交通事故时，人们不会太过关注其事故率的高低，也不会想到事故中人类一方的责任大小，而更多会认为是智能化机器造成了事故，从而对智能机器人技术产生疑虑。

实际上，无人驾驶汽车的事故率已经很低了，远远低于人类驾驶。而且在很多情况下，事故的发生更多是由于人类无法正确判断无人驾驶汽车的某些行为导致。然而，出于对新生事物的不信任以及自身的优越感，人们却很容易忽略相关事实，将无人车确立为责任方，从而对智能化技术采取抵制态度。

基于上述规则的限制，一些专家开始研究一种独特的智能化系统，在这种系统中，所有的汽车和道路都将实现自动化，从而确立智能化的交通新规则。在新规则中，人类以往的道路行驶和认知规则都将发生变化。

变化一	红绿灯和指示线将不再存在，因为智能系统可以保证道路行驶的井然有序。
变化二	汽车间也不必保持现在普遍意义上的车距，因为智能系统可以使汽车间随时产生联系，保证行驶安全和及时停车，进而在最大程度上消除追尾等事故发生的可能性。

当然，这种智能化系统若想实现，还需要一段相当长的时间，而且必须保证政府方面的立法支持和整个社会的宽容与理解。而当这种预想成真时，此类系统还可以扩展到社会各个领域之中，如社交机器人、医疗机器人等，并使人类对机器人确立起全新的认知与观感。而在那个时候，机器人将会真正融入到

人类社会之中，并作为社会中的一分子出现，与人类之间建立起友好、和谐、健康的新关系。

政府立法方面的支持极为重要，因为在机器人的发展过程中，相关法律问题已经开始凸显，例如，医疗机器人烧伤、割伤病人，甚至导致病人死亡的例子已经显现于报端，引发了社会各阶层的广泛关注。而其中涉及的责任方、法律赔偿等问题，已经切实摆在了人们面前，亟待解决。

8. 沟通人类与机器人的"第三方"媒介

在上述章节中，我们已经谈了关于人机交互的种种问题，并对其未来可能的发展方向进行了合理化的预测和探讨。但是对于未来的机器人发展来说，简单的人机交互已经很难满足人机合作状态下的多数需求，若想使人类与机器人展开更高效的交流，进而促成合作，两者之间需要一个有效的"第三方"媒介。

从人机一对多到超级机器人

随着机器人技术的发展，人机一对多的模式已经开始出现，其具体表现为一个人发出需求信息，机器人组接受信息，然后将信息拆解为不同的环节任务，分配给不同的机器人，最后机器人们通过合作来共同完成需求任务。

当有人发出"我想去参加上海博览会"的信息时，机器人组就将展开内部的分工合作。

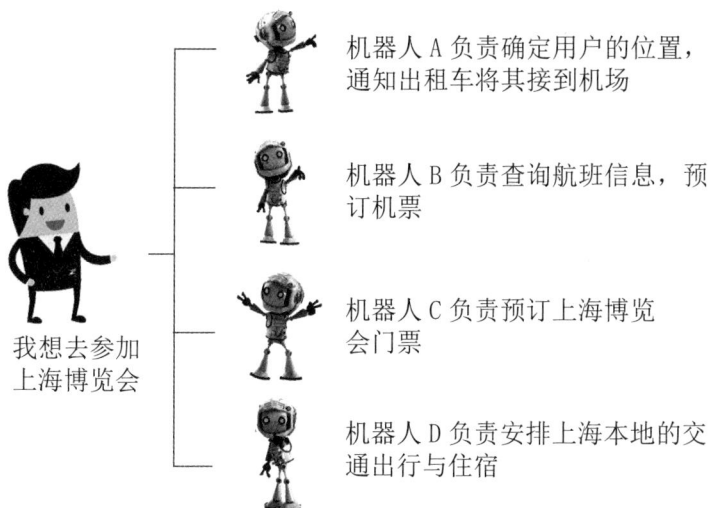

机器人 A 负责确定用户的位置，通知出租车将其接到机场

机器人 B 负责查询航班信息，预订机票

机器人 C 负责预订上海博览会门票

机器人 D 负责安排上海本地的交通出行与住宿

我想去参加上海博览会

但是，一对多的模式却存在着严重的缺陷，很容易触犯到用户的隐私权，引发道德类问题。

1 当任务信息下达时，用户无法决定具体的任务分配，很容易造成机器人在分工合作上的混乱局面。

2 当机器人组中的某个机器人出现问题时，则很容易造成整体任务的失败。

从上述问题中我们可以看出，此种模式的发展并不完善，它还存在着不小的漏洞。

而基于人机一对多模式的种种缺陷，一种新的模式，即超级机器人模式，作为一对多模式的升级版开始被人提出。其具体内容为用户与一台超级机器人进行沟通，下达任务，而超级机器人则负责联系各类机器人的具体任务，从而保障总体任务的顺利完成。例如上述所举"我想去参加上海博览会"的例子，就可以在超级机器人的统筹安排下，由机器人A、B、C、D互补合作，快速完成。而对于用户来说，这种模式将更为便捷高效，而且可以有效避免信息泄露情况的发生，是一个巨大的技术创新。

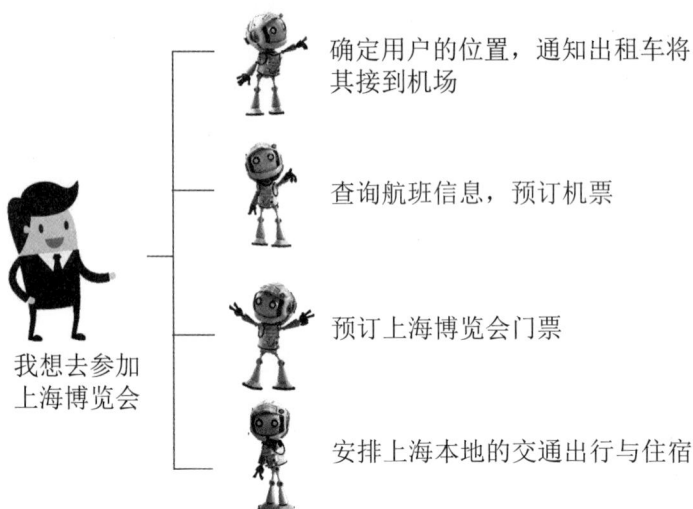

我想去参加
上海博览会

确定用户的位置，通知出租车将
其接到机场

查询航班信息，预订机票

预订上海博览会门票

安排上海本地的交通出行与住宿

探索者模式

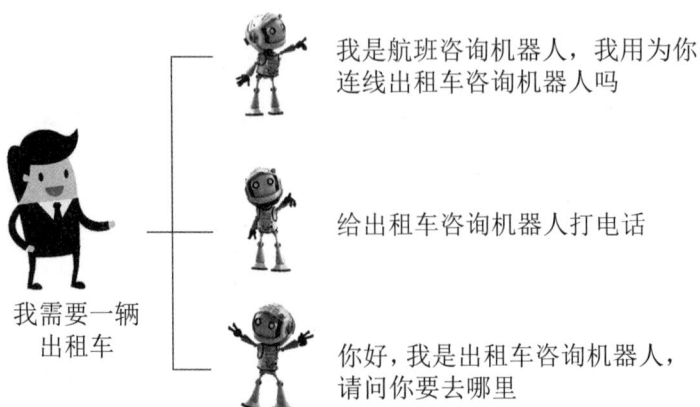

我需要一辆
出租车

我是航班咨询机器人，我用为你
连线出租车咨询机器人吗

给出租车咨询机器人打电话

你好，我是出租车咨询机器人，
请问你要去哪里

这种模式比超级机器人更为有趣，也更加凸显创新性。用户可以与任意一台机器人进行沟通，然后由这台机器人为用户推荐更适合的提供相关服务的机器人，以此达到用户的目标服务目的。当然，这种模式的限制性也很强，因为它需要机器人的智能上升到一个较高的水平，并能够对其他机器人做到全面的了解。

目前，因受相关技术的限制，这种模式的实现可能还需要很长的时间。但它对于社会中的很多行业来说，将是一个不容忽视的重大机遇，因为它会催生出大量的互动推荐类服务，给用户提供良好的服务体验的同时，也会扩展各行业的现有业务范围，使它们能够快速高效地实现盈利目标。此外，探索者模式也存在着一定的风险，例如当机器人之间产生大量的交互行为后，可能会出现逻辑和认知上的错误，给人类带来一定的麻烦。

我们虽然还处在一对一交流的初级人机交互阶段，但是随着机器人产业的日趋成熟，一对一交流的种种限制和问题将会逐渐暴露出来。我们应该做到未雨绸缪，寻找出一种有利于人机协作的新模式，努力提高人机交互的效率，使人类与机器人之间能够开展更好的交流与合作。这将是人机交互领域一次革命性的创新。

9. 行走在世界轨道上的机器人

在很多国家的经济发展战略之中，机器人产业已经被列为重点扶持项目之

一。其中一些国家和地区的政府及首脑组织，更是将机器人技术看作是未来社会的重要推动力和革命性力量，并据此制定了一系列相关的发展政策。这些举措，使得机器人开始行走在世界的轨道上，并在全球范围内产生了极大的影响。

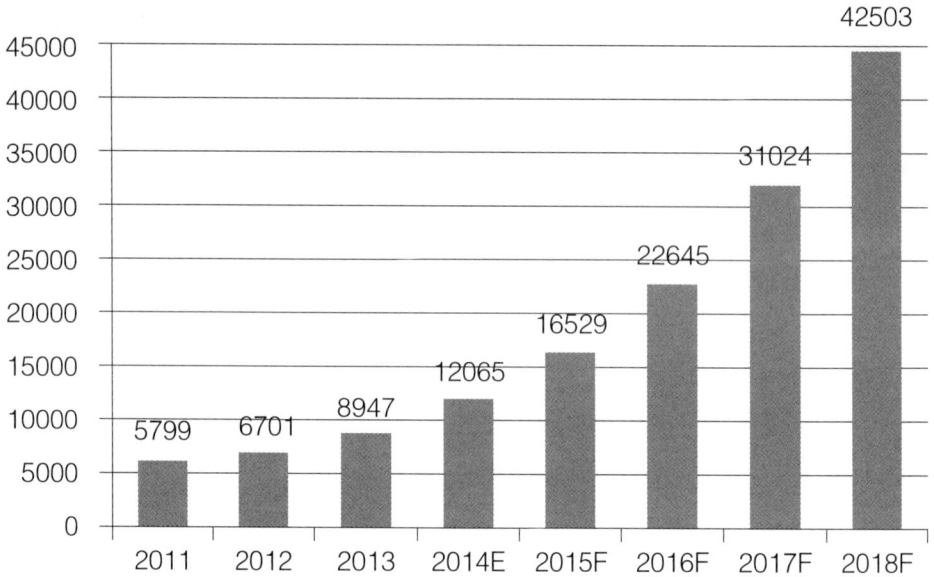

2011-2018 年世界移动机器人（AGV）新增市场规模变化和预测分析图（台）

日本的机器人发展战略

日本政府提倡官民携手，共同发展机器人产业。在实际应用中，日本政府的策略是扩大机器人的应用范围，使其打破产业壁垒，由制造业领域扩展到农业、旅游、护理等其他各领域。而随着《机器人白皮书》的公布，以机器人技术解决社会难题（如人口减少等）的方式也在逐步成为现实。据预测数据显示，至 2020 年，日本机器人产业的市场规模将达到 2.8 万亿日元（大概 1700 亿元人民币）左右，是 2014 年的三倍左右。

韩国的机器人发展战略

韩国政府已经推行了两个智能机器人开发五年计划，第二个五年计划将在

2018 年到期，其主要内容是做到机器人技术与相关产业（如制造业、服务业等）的融合，进而实现机器人产业向周边领域扩张的目的。

为此，韩国政府提出了发展机器人产业的四大策略。

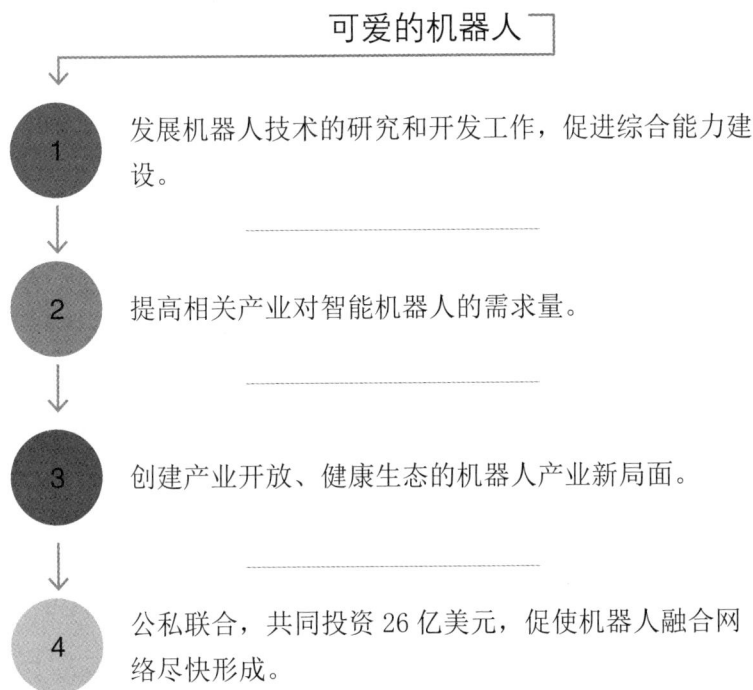

可爱的机器人

1 发展机器人技术的研究和开发工作，促进综合能力建设。

2 提高相关产业对智能机器人的需求量。

3 创建产业开放、健康生态的机器人产业新局面。

4 公私联合，共同投资 26 亿美元，促使机器人融合网络尽快形成。

除此之外，韩国政府将发展重点放在了服务型机器人身上，如救援机器人、医疗护理机器人等。此类机器人发展潜力较大，且容易在大型研究领域内取得突破，对于保持韩国在该领域中的世界领先地位具有积极作用。

欧盟的机器人发展战略

欧盟与欧洲机器人协会 euRobotics 联合，启动了"SPARC"计划。该计划是世界范围内规模最大的民用机器人开发计划，包括工业、农业、交通业、家庭领域等各方面的机器人应用。据有效预测数据显示，此计划将在欧洲范围内创造出 24 万左右的新岗位，并极大促进欧洲机器人产业的发展，起到推动机器人科研进步、项目建设以及成果转换的巨大作用。

英国的机器人发展战略

英国政府宣布利用政府财政的支持，实行官方机器人战略 RAS2020，以此保证英国机器人产业在世界范围内的高端地位。在 RAS2020 战略中，自主系统（RAS）将成为发展的重点之一。而在英国政府的预计中，到 2025 年，全球机器人市场规模大概在 1200 亿美元左右，而英国机器人产业可以在其中占据约 10% 的份额。

中国的机器人发展战略

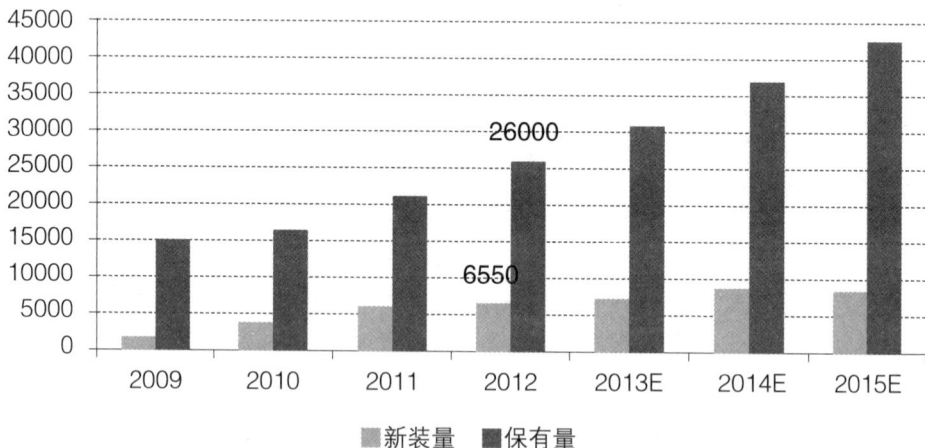

中国搬运机器人市场规模估计与增长预测（台）

在我国，机器人技术发展处于相对落后的局面，但是政府对其重视程度却很高。早在 2013 年，政府部门就发布了《关于机器人产业健康发展的指导性意见》，之后又通过组织召开机器人产业发展会议等相关会议，集中讨论了机器人产业在我国的发展方向与未来前景。

而基于中国机器人的产业现状，工业机器人将成为我国机器人产业的重点发展项目，其中心任务是：使工业机器人中的系统集成技术、主机设计技术以及关键零部件技术实现突破，提高系统的稳定性指标，令工业机器人真正做到规模化应用，进而形成一套比较完善的工业机器人体系。

在机器人浪潮席卷而来的今天，全球范围内的机器人产业规模正在逐渐扩大，很多国家或组织都将机器人产业看作是促进经济发展与社会进步的重要推手，自主化、创新化以及广泛应用性将成为未来机器人发展中的重要特质。我们应该抓住这次机遇，重点发展机器人产业，以求在新时代的智能化大潮中顺应形势需要，进而实现突破式发展。

10. 未来畅想：亲人还是敌人

不知不觉已经来到了本书的末尾。现在，我们可以来畅想一下，机器人的未来将会是怎样的？

既然是畅想，我们就可以充分发挥丰富的想象力。比如机器人可能成为人类的朋友，可能成为人类的仆从，当然，也有可能成为人类最可怕的敌人。此类想法在一些科幻作品中时有表现，例如，《终结者》系列中的天网和杀人机器人和《复仇者联盟2》中的超级人工智能奥创等。但是，这些毕竟只是想象，也许看似有理，然而却无法经得起推敲，也违背了科学常理。

那么，真正的未来机器人将会是怎样呢？对此，我们可以确立一个标准，那就是人类的智力，将机器人分为未达到人类智力水平的机器人，以及已达到甚至超过人类智力水平的机器人。

人类智力水平

超过人类智力水平的机器人
─────────────────
未达到人类智力水平的机器人

先来谈一谈未达到人类智力水平的机器人。它们的发展取决于人类的需求，换句话说，是人类决定了它们的发展路线和智能水平，即使它们会对人类社会造成冲击和颠覆，也是人类本身希望它们如此。听起来似乎很难理解，但是如果我们从一些现实情况来看，却可以发现其中的端倪。

> 日本的机器人产业，为何会发展得如此之快，甚至在机器人数量方面远远超过机器人的发源地美国？原因固然是多方面的，但是日本劳动人口少，社会各阶层出于利益需要，普遍希望发展机器人产业，却是其中一个很重要的方面。换句话说，大势所趋，日本各阶层的集体愿望不可违背。

从这个角度来说，人类的需求确实决定了机器人的发展。而既然出现了一方决定另一方命运的情况，那么真正的平等就不可能出现。在这种情况下，人类和机器人会处于一种隶属的关系之中，机器人更像是帮助人类进行各方面工作的仆从。而在实际上，这种隶属关系比我们想象的更为严苛，因为人类还掌握了控制机器人的"开关"。通过"开关"，我们就可以在启动机器人之前，植入事先预定好的程序，决定机器人可以干什么，应该怎样做，以及出现问题后接受何等处置等，甚至再粗暴一些，当机器人令我们不满意时，我们可以直接关闭系统，让机器人陷入"死亡"。这些操作是在现有的技术水平下，完全可以做到的事。

但是，上述情况却并非不可改变的，当机器人的智力达到或超过人类的一般水平时，这种严苛的隶属关系就会消失，机器人将成为一种令人类无法预知和控制的存在。

当然，我们并不会因此认为机器人就会成为人类的敌人，也许是共生的伙伴，也许是知心的朋友，总之不一定是坏事。但是人们对于这种不在掌控之中的东西，总是会存在一些恐慌和疑虑，并会为此做出最坏的准备。

在这一方面，最典型的例子还是我们在前面提到的科幻小说家阿西莫夫确立的"机器人三大定律"：

（1）机器人不得伤害人类，或坐视人类受到伤害；

（2）除非违背第一定律，机器人应该服从人类的命令；

（3）除非违背第一和第二定律，机器人应该尽可能保护自己。

后来又陆续出现了第零定律和繁殖定律：

◆第零定律：机器人需要保证人类的整体利益不受到任何伤害。

◆繁殖定律：除非新机器人遵从机器人三大定律，不然机器人不能设计制造机器人。

其实，如果抛开这些定律对人类的意义不谈，我们可以从中发现一个很有意思的现象，那就是此类定律依然是在限制机器人，并维护人类和机器人的隶属关系。

但是，一个新的疑问出现了，"人机共存"真的只能通过强权来实现吗？难道就没有其他的解决之道吗？此类问题并没有一个确定的答案，但是很多人已经对此展开了讨论和解读。

◆社交机器人可以模仿人类的外貌和行为方式，并以此激发人类的情感，促使一种新的人机关系产生。

而有些专家则认为人类应该对机器人采取一些更为柔和、更为友善的态度。

> 　　麻省理工媒体实验室专家凯特·达令认为，人类既然可以反对虐待动物，并为此专门立法，那么也应该对机器人采取同等态度，因为机器人虽然无法产生痛苦之类的感觉，但是在它们受到伤害时，人类出于自身的人性、情感等因素，却会产生痛苦、伤心之类的不良感觉，甚至是出现道德上的谴责意识。而这种感觉并不亚于动物受到伤害时我们所感受到的东西。

　　这种全新的解读无疑为未来的人机定位提供了一个新的思路。我们人类终究是具有人性的，在强智能浪潮袭来的时候，我们可以将这种人性化思维适当应用到智能机器人身上，做好与智能机器人共融共存的准备。当然，必要的防范措施依然不可少，因为机器人毕竟没有情感，它们只能依靠程序和设定进行活动，我们需要尽量保证此类活动不会对人类自身产生伤害。